英华学者文库

跨越学科边界

——申丹学术论文自选集

申丹 著

Crossing Disciplinary Boundaries:

Selected Essays of Shen Dan

高等教育出版社·北京

内容简介

申丹教授的研究跨文学、语言学（文体学）和翻译学领域，本书精选其在这三个不同领域发表的九篇论文（有的论文本身具有较强的跨学科性质），外加直接论述跨学科研究的两篇论文。入选论文在理论探讨和作品阐释上富有创新性，其主要观点已在国际一流期刊或权威参考书中发表，具有国际领先的学术价值，得到国内外学界的高度评价。

总　序

27年前，在吕叔湘、柳无忌等前贤的关心和支持下，中国英汉语比较研究会获得民政部和教育部批准成立。经过几代人的不懈努力，如今，研究会规模不断扩大，旗下二级机构已达29家，其发展有生机勃勃之态势。研究会始终保持初心，秉持优良传统，不断创造和发展优良的研究会文化。这个研究会文化的基本内涵是：

崇尚与鼓励科学创新、刻苦钻研、严谨治学、实事求是、谦虚谨慎、相互切磋、取长补短，杜绝与反对急功近利、浮躁草率、粗制滥造、弄虚作假、骄傲自大、沽名钓誉、拉帮结派。

放眼当今外语界，学术生态受到严重污染。唯数量、唯"名刊"、唯项目，这些犹如一座座大山，压得中青年学者透不过气来。学术有山头，却缺少学派，这是一个不争的事实。在学术研究方面，理论创新不够，研究方法阙如，写作风气不正，作品细读不够，急功近利靡然成风，这一切导致草率之文、学术垃圾比比皆是，触目惊心，严重影响和危害了中国的学术生态环境，成为阻挡中国学术走向世界的障碍。如何在中国外语界、对外汉语教学界树立一面旗帜，倡导一种优良的风气，从而引导中青年学者认真探索、严谨治学，这些想法促成了我们出版"英华学者文库"。

"英华学者文库"的作者是一群虔诚的"麦田里的守望者"。他们在自己的领域里，几十年默默耕耘，淡泊处世，不计名利，为的是追求真知，寻得内心的澄明。文库的每本文集都收入作者以往发表过的10余篇文章，凝聚了学者一生之学术精华。为了便于阅读，每本文集都会分为几个相对独立的部分，每个部分都附有导言，以方便读者追寻作者的学术足迹，了解作者的心路历程。

我们希望所有收入的文章既有理论建构，又有透彻的分析；史料与语料并重，让文本充满思想的光芒，让读者感受语言文化的厚重。

我们整理出版"英华学者文库"的宗旨是：提升学术，铸造精品，以学彰德，以德惠学。我们希望文库能在时下一阵阵喧嚣与躁动中，注入学术的淡定和自信。"随风潜入夜，润物细无声"，我们的欣慰莫过于此。

我们衷心感谢高等教育出版社为本文库所做的努力。前10本即将付梓，后20本也将陆续推出。谨以此文库献礼中国共产党建党100周年！

中国英汉语比较研究会会长　罗选民

2021年1月5日

自 序

我中学被分配学俄语，高中毕业时仅认识十几个英文字母。后来通过自学，于1977年考入北京大学西语系英语专业（1983年方成立英语系），毕业时以研究生入学考试第一名的成绩获得公派留学英国的资格。1982年秋，我赴英国爱丁堡大学读研究生，因表现出较强的研究潜力，第二年便获得爱丁堡大学研究生全额奖学金和Edward Boyle奖研金，并得到博士论文自由选题的"特许"，我选择了翻译研究，但导师Elizabeth Black的研究领域是文体学。我先研读了一年翻译理论，然后着手博士论文的撰写，完成了两章初稿：第一章批判George Steiner提出的"翻译四步骤"理论；第二章批判Eugene A. Nida提出的"形式等同论"，该章的主要内容后来以"Literalism: NON 'formal-equivalence'"为题，在国际译协的会刊 *Babel: International Journal of Translation* 1989年第4期首篇位置发表——其主要观点构成本书选用的第一篇翻译学论文[1]的基础。香港中文大学翻译系的Chan Sin-wai教授读到发表在 *Babel* 上的这篇论文后，给素不相识的我发来邀请，为他和David E. Pollard合编的 *An Encyclopaedia of Translation*（香港中文大学出版社，2002）撰写五千英文单词的长篇词条"Literalism"。尽管我的博士论文初稿后来在国际一流期刊上发表并成为翻译大

1　本书中的论文根据高等教育出版社的要求进行了不同程度的重新编辑。有的论文当初发表时，因为篇幅所限，删除了一些内容。又借这次机会，保留了个别地方的少量文字。

百科中的词条，但因为批判对象是学界公认的权威理论而引起了导师的不安。她告诉我，她无法指导批判性如此强烈的翻译研究论文，我必须转而研究她在行的文体学。在这样的情况下，我转了系，更换了导师，第一导师是著名文体学家James P. Thorne，第二导师是Norman Mcleod，两人都未涉足翻译研究，但允许我把小说翻译作为文体分析的对象。这样，我完成了以"Literary Stylistics and Fictional Translation"为题的博士论文。根据其中涉及小说翻译的内容，我撰写了数篇论文，在 *Babel: International Journal of Translation*、*Comparative Literature Studies* 和 *Style* 等国际一流期刊上发表。这些论文引起了英国著名翻译理论家Mona Baker的关注，她写信邀请我出任其主编的 *The Translator: Studies in Intercultural Communication* 的顾问。本书选用的第二篇翻译学研究论文发表于《中国翻译》，是我将文学文体学与翻译相结合的研究成果。这种跨学科研究越来越得到重视，*The Routledge Handbook of Literary Translation* 的两位美国主编读到我在国际上发表的这方面文章后，于2016年发来电邮，邀请我撰写"Stylistics"这一章[2]，其中一节"Stylistics and Deceptive Correspondence"探讨了本书第二篇翻译学论文重点关注的"假象等值"，这也是我在国际上率先提出的概念。

与翻译学研究相比，我在文体学研究方面投入了更多精力。著名英国文体学家Katie Wales读到我在国际上发表的相关成果后，于1998年给我写信，邀请我担任她主编的文体学顶级期刊 *Language and Literature*（英国）的编委，后来我又被并列为文体学顶级期刊的 *Style*（美国）聘为顾问，并应邀在2011年国际文体学协会的年会上做一小时大会主旨报告（另外三位主旨报告人为美国学者Jonathan Culler、Patrick Hogan和英国学者Paul Simpson）。因篇幅和语言所限，在本书中，我仅选用了在《外语教学与研究》上刊载的三篇文体学研究论文。其中，第一篇探讨如何区分不同的西方当代文体学流派，第二和第三篇聚焦于

2　我邀请了我曾指导的翻译学方向的博士生方开瑞教授加盟。
SHEN D and FANG K R. Stylistics [Z]. //WASHBOURNE K, WYKE B V. The Routledge handbook of literary translation. London: Routledge, 2019: 325-337.

功能文体学这一流派，前者为理论探讨，后者为实际分析[3]。

在写博士论文时，我发现文体学仅关注作品的遣词造句，与关注结构技巧的叙事学形成互补。回国后，我对叙事学展开了深入系统的研究——我在国内外发表的论文大多是叙事学方面的。我也被聘为叙事学顶级期刊 *Narrative* 的顾问和 *Routledge Encyclopedia of Narrative Theory* 的顾问编委。因为语言的限制，本书选用了四篇中文论文。第一篇"经典叙事学究竟是否已经过时？"，与我在美国 *Journal of Narrative Theory* 2005 年第 2 期上发表的"Why Contextual and Formal Narratologies Need Each Other"形成呼应。2013 年，我应邀在巴黎召开的欧洲叙事学协会的双年会上作一小时大会主旨报告，报告题为"Contextualized Poetics and Contextualized Rhetoric: Consolidation or Subversion?"报告的前半部分再度论述了经典叙事诗学在后经典叙事学中的作用。在 De Gruyter 出版社 2017 年出版的 *Emerging Vectors of Narratology* 文集中，该文被置于全书首篇[4]。德国和法国主编对此文予以重点推介，可见，今天依然有必要阐明，经典叙事诗学并未过时。

本书选用的第二篇叙事学论文聚焦于"不可靠叙述（Unreliability）"。这是叙事理论的一个核心概念，得到国内外学界的广泛关注，也引发了不少争议，出现了一些混乱。我在国际和国内都发文清除了相关混乱。国际叙事学界第一部 *Handbook of Narratology* 中有一个约 5 000 英文单词的长篇词条"Unreliability"，是我受邀撰写的[5]。这一权威参考书中的词条在西方产生了较大影响。本书选用的第二篇论文与之密切相关，在国内发表后也受到广泛关注。

过去十几年，我将不少精力放在对经典作品的再阐释上。本书收录的第三

---

3 这篇论文与我在 *Journal of Literary Semantics* 2007 年第 1 期上发表的"Internal Contrast and Double Decoding: Transitivity in Hughes's *On the Road*"一文形成呼应。

4 SHEN D. "Contextualized poetics" and contextualized rhetoric: consolidation or subversion? [C]// HANSEN P K, et al. Emerging vectors of narratology. Berlin and Boston: De Gruyter, 2017: 3-24.

5 SHEN D. Unreliability [Z]// HUHN P, et al. Handbook of narratology. 2nd ed. Berlin: De Gruyter, 2014: 896-909.

篇论文重新解读了埃德加·爱伦·坡的《泄密的心》[6]。该文纠正了国内外对坡的小说观的长期误解以及对作品的种种误读，揭示出以往被忽略的深层意义[7]。该文还将"不可靠叙述"这一理论概念运用到实际分析中。此外，该文提倡"整体细读"，这是我10多年前提出的新的研究模式，被不少研究者采纳。

本书选用的最后一篇叙事学论文将注意力转向作品的"隐性进程"（covert progression）。这是我近年在国内外首创的新的理论概念和研究模式，美、英、法、德等国的多位学者对此发表了高度评价。法国的叙事学常用术语网站（https://wp.unil.ch/narratologie/glossaire/）已收入法文版的"隐性进程"，并予以详细介绍。在国内，中国知网上已能查到包括《外国文学评论》《外国文学研究》《当代外国文学》在内的多种期刊上发表的50多篇采用"隐性进程"概念来分析小说和戏剧的论文。国际顶级期刊之一 Style（美国）2021年春季刊专门探讨我首创的"'隐性进程'与双重叙事动力"理论。编辑部邀请了来自美、英、法、德等八个西方国家的十四位学者和两位中国学者撰写专文，探讨这一理论。这是首次国际顶级期刊邀请多国学者专门探讨中国学者首创的研究西方文学的理论。改革开放以来，我国的外国文学研究者倾向于采用西方学者提出的理论概念和批评方法。我觉得，中国外语领域的学者需要努力在国际前沿开拓创新，帮助构建由中国学者创立的理论话语体系。

我国外语学科的学者一般都从事某一个领域的研究，例如语言学、文学、翻译学。因为种种主动和被动的原因，我的研究横跨了这三个领域。我多年同时担任这三个领域的国际一流期刊的顾问或编委，也同时指导这三个方向的博士研究生，并同时担任全国性的叙事学研究学会（以文学领域的学者为主体）和文体学研究学会（以语言学领域的学者为主体）的会长或名誉会长。在跨越学科界限的过程中，我对跨学科研究也有了一些感悟。本书最后一部分选用了

6　本书英文书名、正文等的汉译为笔者自译，并未参照中文出版物，特此说明。

7　SHEN D. Edgar Allan Poe's aesthetic theory, the insanity debate, and the ethically oriented dynamics of *The Tell-Tale Heart* [J]. Nineteenth-century literature, 2008, 63(3): 321-345.

两篇探讨跨学科研究的论文。第一篇谈跨学科研究与外语自主创新的关系，目的在于帮助激发跨学科研究的兴趣，看到跨学科研究是自主创新的一种重要途径；第二篇谈文体学与叙述学的互补性。这种互补性是我在国内外率先揭示和梳理的[8]，在学界产生了较大影响。希望有更多的学者将文体学与叙述学相结合，从而能更加全面地分析作品的艺术形式与主题意义的关联。

回顾走过的学术历程，我深深感激众多帮助过我的人。我高中毕业时连英文字母都没有认全，后来能在英语语言文学方面取得一些成绩，离不开在成长过程的每个阶段所得到的大力扶持。我感恩在北京大学和英国爱丁堡大学求学期间老师们的悉心栽培；感恩在北京大学工作的30余年间，博大精深的燕园对我的滋养，以及同事、领导和学生的帮助与厚爱；感恩国内外学界同行的鼓励和支持；感恩我的家人给予我的关爱和陪伴。最后，我要感谢中国英汉语比较研究会邀请我加盟"英华学者文库"；感谢我的博士生宫蔷薇和殷乐对本书统稿伸出援手，感谢主编罗选民教授和高等教育出版社的大力支持。

申丹

2021年春于燕园

---

8 SHEN D. What narratology and stylistics can do for each other [M]// PHELAN J, RABINOWITZ P J. A companion to narrative theory. Oxford: Blackwell, 2005: 136–149; SHEN D. How stylisticians draw on narratology: approaches, advantages, and disadvantages [J]. Style, 2005, 39(4): 381-395; SHEN D. Stylistics and narratology [M]// BURKE M. The Routledge handbook of stylistics. London: Routledge, 2014: 191-205.

目　录

第一部分　叙事学研究　1

导言　3

一　经典叙事学究竟是否已经过时？　7

二　何为"不可靠叙述"？　25

三　坡的短篇小说／道德观、"不可靠叙述"与《泄密的心》　44

四　何为叙事的"隐性进程"？如何发现这股叙事暗流？　71

第二部分　文体学研究　83

导言　85

五　再谈西方当代文体学流派的区分　89

六　功能文体学再思考　102

七　及物性系统与深层象征意义
　　——休斯《在路上》的文体分析　113

第三部分　翻译学研究　　129

　　导言　　131

　　八　论翻译中的形式对等　　135

　　九　论文学文体学在翻译学科建设中的重要性　　147

第四部分　论跨学科研究　　167

　　导言　　169

　　十　外语跨学科研究与自主创新　　173

　　十一　小说艺术形式的两个不同层面

　　　　　——谈"文体学课"与"叙述学课"的互补性　　186

第一部分

叙事学研究

导　言

　　经典（结构主义）叙事学兴起于20世纪60年代的法国，并迅速扩展到其他国家，形成了一个很有影响力的文学研究流派。然而，在解构主义和政治文化批评的夹击下，20世纪70年代末80年代初，结构主义叙事学在西方陷入低谷，当时不少人纷纷宣告其"死亡"。20世纪90年代，后经典叙事学开始兴盛，学界普遍认为后经典叙事学是经典叙事学的替代者。本部分第一篇论文（发表于《外国文学评论》2003年第2期）指出，这种舆论评价源于没有把握经典叙事学的实质，没有廓清经典叙事学、后经典叙事学以及后结构主义叙事理论之间的关系。这篇论文通过区分叙事学理论和叙事学批评，深入探讨这些问题，以期"正本清源"。该文指出，就理论（叙事语法、叙述诗学）而言，经典叙事学在西方既没有死亡，也没有演化成"后经典"或"后结构"的形态。经典叙事学理论与后结构主义叙事理论构成一种"叙事学"与"反叙事学"的对立，并与后经典叙事学在叙事学内部形成一种互为促进、互为补充的共存关系。该文还探讨了经典叙事学在下一步发展中应注意的问题。这篇中文论文有一英文的姊妹篇，即笔者在美国发表的"Why Contextual and Formal Narratologies Need Each Other"（*Journal of Narrative Theory*，2005年第2期，该期首篇），这篇论文帮助不少西方学者看到，经典叙事学理论并未过时。

"不可靠叙述（Unreliability）"是叙事学的核心概念之一，它貌似简单，实际上颇为复杂。这一概念在西方学界引起了"修辞方法"和"认知（建构）方法"之争，也导致了综合性的"修辞-认知方法"的诞生。本部分第二篇论文（发表于《外国文学评论》2006年第4期）探讨了"修辞方法"和"认知（建构）方法"的实质性特征，说明后者与"认知叙事学"主流偏离，并揭示出"修辞-认知方法"之理想与实际的脱节。该文还探讨了迄今为学界所忽略的"不可靠叙述"。这篇论文旨在清除相关混乱，阐明"不可靠叙述"的各种内涵和实际价值，以帮助读者更好地把握和运用这一概念。这篇论文也有一英文的姊妹篇，即笔者应邀为国际上第一部 *Handbook of Narratology*（2nd ed., Berlin: De Gruyter, 2014）这一权威参考书所撰写的，约有5 000个英文单词的长篇词条"Unreliability"。两者分别在国内和国际产生了较大影响，前者在国内被引用了275次（此处为中国知网截至2019年1月30日的数据，后同），后者则帮助笔者从2014年至2018年连续上榜Elsevier中国高被引学者榜单。

本部分第三篇论文（发表于《国外文学》2008

年第1期）将"不可靠叙述"运用于对埃德加·爱伦·坡作品的分析。学界普遍认为坡的唯美思想是一种统一的文学观。然而，若仔细考察坡的文论则会发现，其唯美主义实际上是一种体裁观，诗歌是唯美的文类，小说则不然。以坡对诗歌和短篇小说在主题方面的区分为铺垫，这篇论文通过对《泄密的心》及相关作品的分析揭示出：（1）"不可靠叙述"与道德教训在《泄密的心》中的关联；（2）研究"不可靠叙述"的"认知派"有一个盲区，即忽视了将特定批评方法往作品上硬套的现象，需加以补充；（3）坡的不同作品"隐含"不同的道德立场，遵循或违背社会道德规范；（4）在后一种情况下，需要从根本上修正"修辞派"衡量"不可靠叙述"的标准；（5）若要较好地把握作品的道德立场，需要综合考虑文内、文外、文间的因素，对作品进行"整体细读"。这篇论文也有一英文的姊妹篇，即笔者在 *Nineteenth-Century Literature*（美国）2008年第3期上发表的 "Edgar Allan Poe's Aesthetic Theory, the Insanity Debate, and the Ethically Oriented Dynamics of *The Tell-Tale Heart*"。此刊是国际上关于19世纪文学研究的顶级期刊，这篇英文论文也获得了北京市第十一届哲学社会科学优秀成果奖二等奖。可以说，两篇论文具有同样的水准、同样的研究深度。

本部分最后一篇论文（发表于《外国文学研究》2013年第5期）聚焦于叙事的"隐性进程（covert progression）"，这是笔者在国际国内首创的理论概念和研究模式。我们知道，从古希腊亚里士多德对情节的关注到当代学者对叙事进程的探讨，批评家们往往聚焦于以情节发展中不稳定因素为基础的单一叙事运动。然而，笔者发现在不少叙事作品里，在情节发展的背后，还存在一个隐性的叙事进程，它与情节发展呈现出不同甚至相反的走向，在主题意义上与情节发展形成一种补充性或颠覆性的关系。"隐性进程"不同于以往批评家所探讨的情节本身的各种深层意义。这一暗藏的叙事运动往往具有不同程度的反讽性，但这种反讽是作品从头到尾的一股反讽性潜流，不同于以往批评家所关注的反讽类型。结合读者反馈，本文通过与以往的批评关注相比较，说明什么是叙事的"隐性进程"，然后探讨如何才能成功地发现叙事的"隐性进程"。笔者在国内外首创的这一理论概念和研究模式正在产生越来越大的影响。国内已经有不少学者将其运用于小说和戏剧分析，国际上也有西方学者将其拓展运用于其他媒介作品的分析。改革开放以来，我国的外国文学研究者倾向于采用西方学者提出的理论和方法，我们应该争取不断在国际学术前沿开拓创新，帮助构建由中国学者创立的理论话语体系。

一　经典叙事学究竟是否
已经过时？[1]

1. 引言

经典（结构主义）叙事学（也称叙述学[2]）于20世纪60年代发轫于法国，并很快扩展到其他国家，成为一股独领风骚的国际性叙事研究潮流。20世纪80年代以来，经典叙事学遭到后结构主义和历史主义的夹攻，研究势头回落，人们开始纷纷宣告经典叙事学的死亡。世纪之交，西方学界出现了对于叙事学发展史的各种回顾。尽管这些回顾的版本纷呈不一，但主要可分为三种类型。第一类认为叙事学已经死亡，"叙事学"一词已经过时，为"叙事理论"所替代；第二类认为经典叙事学演化成了后结构主义叙事学；第三类则认为经典叙事学进化成了以关注读者和语境为标志的后经典叙事学。尽管后两类观点均认为叙事学没有死亡，而是以新的形式得以生存，但两者均宣告经典叙事学已经过时，已被"后结构"或"后经典"的形式所替代。在美国，早已无人愿意承

1　原载《外国文学评论》2003年第2期，92—102页。

2　国内将narratology（法文的narratologie）译为"叙事学"或"叙述学"，但笔者认为两种译法并非完全同义。"叙述"一词与"叙述者"紧密相关，指话语层次上的叙述技巧，而"叙事"一词更适合涵盖故事结构和话语技巧两个层面。笔者将自己的一本书命名为《叙述学与小说文体学研究》（北京大学出版社，1998，2001），旨在突出narratology与聚焦于文字表达层的文体学的关联。

认自己是"经典叙事学家"或"结构主义叙事学家"，因为"经典（结构主义）叙事学"已跟"死亡""过时"画上了等号。笔者认为，这种舆论评价源于没有把握经典叙事学的实质，没有廓清"经典叙事学""后经典叙事学""后结构主义叙事理论"之间的关系。

2. "后结构主义叙事学"与"后经典叙事学"

"后结构主义叙事学"与"后经典叙事学"是批评理论家们用于描述近二十年来叙事理论新发展的两个术语。笔者认为，两者只是表面上相通，实际上互不相容。

在《后现代叙事理论》（Kearns，1999）一书中，马克·柯里提出当代叙事学"转折"的特点是"从发现到创造，从一致性到复杂性，从诗学到政治学"。所谓"创造"，就是将结构视为由读者"投射于作品的东西，而不是通过阅读所发现的叙事作品的内在特征"；就是将叙事作品视为读者的发明，它能构成"几乎无法胜数的形式"。这是典型的解构主义的看法。将解构主义视为叙事学的新发展[3]，视为"后结构主义叙事学"[4]，无疑混淆和掩盖了"叙事学"的实质。柯里在书中写了这么一段话："'解构主义'一词可用于涵盖叙事学中很多最重要的变化，尤其是偏离了结构主义叙事学对科学性之强调的那些变化。作为一门科学，叙事学（narratology）强调系统和科学分析的价值。在解构主义批评

3　这一"演化论"跟一种广为接受的看法不无关联。一般认为，索绪尔的语言符号理论为德里达的解构主义理论提供了支持。但在我看来，德里达在阐释索绪尔的符号理论时，进行了"釜底抽薪"。其实，索绪尔在强调能指之间差异的同时，也强调了能指（声音）和所指（意象）之间约定俗成的关联（Saussure，1960：113），并明确指出符号体系中"唯一本质的东西是声音–意象的结合"（Saussure，1960：15）。解构主义单看能指本身，忽略能指与所指的关联，因此将语言变成了能指之间的嬉戏。

4　"后结构主义叙事学"这一名称较有市场，除了注3提到的原因外，还可能跟以下因素相关：解构主义是对结构主义的直接反映，解构主义也是一种以文本为中心的批评理论。

对文学研究造成冲击之前，叙事学就是依靠这样的价值观来运作的。"（Currie，1998：2）既然"作为一门科学，叙事学强调系统和科学分析的价值"，就没有理由将解构主义视为一种"叙事学"。显然，雅克·德里达、保罗·德曼、J.希利斯·米勒等都不会愿意被贴上"叙事学"这一标签，但柯里却将他们视为"新叙事学"或"后结构主义叙事学"的代表人物。奥尼伽和兰达在《叙事学导论》一书中，也将"后结构主义叙事学"的标签贴到了希利斯·米勒的头上（Onega，Landa，1996）。但米勒自己却与叙事学划清了界限，并将自己的《解读叙事》称为一本"反叙事学"（ananarratology）的著作（Miller，1998）。[5]叙事学在叙事规约之中运作，而解构主义则旨在颠覆叙事规约，两者在根本立场上构成一种完全对立的关系。柯里认为，将后结构主义批评理论视为一种新的叙事学是对叙事学的拯救，说明叙事学并未死亡。而实际上，将解构主义视为"叙事学"的新发展就意味着"叙事–学"（narrat-ology）的彻底死亡，因为这完全颠覆了叙事学的根基。

真正造成叙事学在西方复兴的是后经典叙事学。我们不妨依据研究目的将后经典叙事学分为两大类。一类旨在探讨（不同体裁的）叙事作品的共有特征。与经典叙事学相比，这一类后经典叙事学的着眼点至少出现了以下五个不同方面的转移。（1）从作品本身转到了读者的阐释过程。譬如，赫尔曼（Herman，2002）在《故事逻辑》一书中，十分关注读者对故事逻辑的建构。与后结构主义形成对照，后经典叙事学家认为叙事作品的阐释有规律可循。此外，尽管后经典叙事学家考虑读者的阐释框架和阐释策略，但他们承认文本本身的结构特征，着力探讨读者与文本的交互作用。（2）从符合规约的文学现象转向偏离规约的文学现象，或从文学叙事转向文学之外的叙事。譬如，理查森关注后现代主义文学如何造成叙述言辞和故事时间的错乱，导致故事和话语难以区分（Richardson，2001；2002）。理查森对于"故事–话语"之分在现实主义作品中的适用性没有提出任何挑战，而仅仅旨在说明，在非模仿性的作品

---

5 值得一提的是，"叙事学"与"反叙事学"的实证分析也存在某种程度的互补关系（详见申丹，2001：5–13）。

中，这一区分不再适用。他依据非模仿性作品的结构特征，提出了"解叙述"（denarration，即先叙述一件事，又加以否定）这一概念，并对不同形式的时间错乱进行了系统分类。与此相对照，后结构主义叙事理论家则旨在通过文本中的复杂现象或意义的死角来颠覆经典叙事学的概念和模式，从根本上否定结构的稳定性。（3）在探讨结构规律时，后经典叙事学家采用了一些新的分析工具。譬如，莱恩（Ryan, 1991）和多尔扎尔（Dolezel, 1998）等借鉴了语义学、人工智能的分析方法，来描述不同体裁叙事作品的结构特征。（4）从共时叙事结构转向了历时叙事结构，关注社会历史语境如何影响或导致叙事结构的发展。（5）从关注形式结构转为关注形式结构与意识形态的关联，但对结构本身的稳定性没有提出挑战。女性主义叙事学家兰泽（Lanser, 1992; 1995）就十分关注不同叙述类型与性别政治的关联。除此之外，叙事学家还对经典叙事学的一些概念如"隐含作者""叙事性""叙述过程"等进行了重新审视，旨在清除相关混乱，使这些概念更切合实际。

另一类后经典叙事学以阐释具体作品的意义为主要目的。其特点是承认叙事结构的稳定性和叙事规约的有效性，采用经典叙事学的模式和概念来分析作品（有时结合分析加以修正和补充），同时注重读者和社会历史语境，注重跨学科研究，有意识地从其他派别吸取有益的理论概念、批评视角和分析模式，以求扩展研究范畴，克服自身的局限性。

本文认为，后经典叙事学与经典叙事学不仅联手与后结构主义叙事理论构成一种对立关系，而且两者在叙事学内部构成一种互动的共存关系。

3. 经典叙事学与读者、社会历史语境

西方学界认为经典叙事学保守落后，主要不是因为它对文本持一种描述而非解构的立场（后经典叙事学也旨在对作品的结构和意义进行描述），而是因为它隔离了文本与读者、社会语境的关联。经典叙事学究竟是否需要考虑读者和语境？要回答这一问题，我们不妨先看一个实例。《劳特利奇叙事理论百科全书》第一主编、美国学者赫尔曼是后经典叙事学的代表人物，近年来十分强

调读者和语境，认为经典叙事学已经过时。但他为该百科全书写的一个样板词条"事件与事件的类型"却无意中说明了经典叙事学脱离读者和语境的分类方法依然行之有理（Herman，2002：150-152）。赫尔曼首先举了下面这些例子来说明事件的独特性：

> （1）水是 H_2O。
>
> （2）水在摄氏零度时结冰。
>
> （3）上周温度降到了零度，我家房子后面的池塘结冰了。

句（1）描述一个状态，而非事件。句（2）描述的是水通常的物理变化，是自然界的一种规律，而非具体时空中的一个事件。只有句（3）描述了一个事件：具体时空中的温度变化及其引发的结果。这种区分完全以句子本身的结构特征为依据，没有考虑读者和语境。赫尔曼接下来探讨了事件的类型。他提到叙事学界近年来对事件类型的分析得益于一些相邻领域（行为理论、人工智能、语言学、语言哲学）的新发展，将"事件"与"状态"做了进一步的细分。譬如，莱恩将事件分为：（1）"发生的事"（happening），（2）"行动"（action）和（3）"旨在解决矛盾的行动"（move）。其中，（1）指偶然发生的事，而非有意为之；（2）指为了某种目的而采取的行动；（3）指为了重要目的而采取的行动，旨在解决矛盾，具有很大的风险性。其中，第（3）类是叙事作品兴趣之焦点，应将之与偶然或惯常的行动区分开来（Ryan，1991：129-134）。

赫尔曼举了这样一个例子：在卡夫卡的《变形记》中，主人公变成一只大甲虫属于"发生的事"；他用嘴来打开卧室的窗户是一个"行动"；他试图与办公室经理进行交流（但未成功），这件事属于"旨在解决矛盾的行动"。这是完全依据行为目的进行的结构分类，没有考虑文本的具体语境。我们知道，在《变形记》中，主人公变成大甲虫是至关重要的事件，具有深刻的社会历史原因和意义，但这不是主人公有意为之，只是发生在他身上的事情，因此这一变形与偶尔感冒、淋雨、树叶落在身上等都属于"发生的事"。在阐释作品时，我们需要关注"某人物变形""某人物感冒"或"某人物淋雨"这些不同的事件在特定社会历史语境中的不同主题意义。在依据"目的性"对事件类型进行分类时，则仅需关注这些不同事件的共性，看到它们属于同一种事件类型。

赫尔曼还根据动词、时态等结构特征对其他事件类型（包括心理事件）进行了细分。他提出不同体裁的叙事（譬如史诗和心理小说）倾向于采用不同的事件类型和组合事件（状态）的不同方式，因此事件类型或许可以构成区分不同叙事体裁的基础。可以说，赫尔曼在此是在继续进行经典叙事语法的分类工作。在从事这样的研究时，须关注文本特征，无须关注读者和语境。此外，进行这样的分类须采用静态眼光，若涉及一系列事件之间的关系，则既可采用静态眼光来看事件之间的结构关系，也可采用动态眼光来观察事件的发展过程。两种眼光可揭示出事物不同方面的特征，相互之间难以替代。

众所周知，"叙事语法"或"叙述诗学"的目的在于研究所有叙事作品（或某一类叙事作品）共有的构成成分、结构原则和运作规律。但学界迄今为止没有意识到这样的研究仅须关注结构本身，无须也无法考虑读者和语境，因为后者涉及的是特性，而非共性。一个叙事结构或叙述技巧的价值既来自其脱离语境的共有功能，又来自其在具体语境之中的特定作用。在1999年出版的《修辞性叙事学》一书中，卡恩斯批评热奈特的《叙述话语》不关注读者和语境。在评论热奈特对时间错序（各种打乱自然时序的技巧）的分类时，卡恩斯说："一方面，叙事作品对事件之严格线性顺序的偏离符合人们对时间的体验。不同类型的偏离（如通常所说的倒叙、预叙等）也会对读者产生不同的效果。另一方面，热奈特的分类没有论及在一部具体小说中，错序可能会有多么重要，这些叙事手法在阅读过程中究竟会如何作用于读者。换一个实际角度来说：可以教给学生这一分类，就像教他们诗歌音步的主要类型一样。但必须让学生懂得热奈特所区分的'预叙'自身并不重要，这一技巧的价值在很大程度上取决于个人、文本、修辞和文化方面的语境。"（Kearns, 1999：5）卡恩斯一方面承认倒叙、预叙（即提前叙述后来发生之事）等技巧会对读者产生不同效果，另一方面又说这些技巧"本身并不重要"。但既然不同技巧具有不同效果（譬如，在脱离语境的情况下，倒叙具有不同于预叙的效果），就应该承认它们自身的重要性。由于没有认清这一点，卡恩斯的评论不时出现自相矛盾之处。他在书中写道："《贵妇人画像》中的叙述者与《爱玛》中的叙述者的交流方式有所不同。两位叙述者又不同于传记中的第三人称叙述声音。……作为一个强调语境的理论家，我认为马丁的评论有误，因为该评论似乎认为存在'第三人称虚构叙事的意义'。"（Kearns, 1999: 10）卡恩斯一方面只承认语境的作用，否认存在"第三人称虚构叙事的意义"，另一方面又自己谈论传记中的第三人称叙述声音，认为它不同于虚构叙事中的第三人称叙述声音。在作这一区分时，也就自然承认了这两种不同叙述声音具有不同意义。叙述诗学的作用就在于区分这些属于不同体裁的叙述声音，探讨其通常具有的（脱离语境的）功能。但在阐释《贵妇人画像》和《爱玛》的主题意义时，批评家则需关注作品的生产语境和阐释语境，探讨这两部虚构作品中的第三人称叙述声音如何在不同的具体语境中起不同的作用。

热奈特的《叙述话语》旨在建构叙述诗学，对倒叙、预叙等各种技巧进行分类。这犹如语法学家对不同的语言结构进行分类。在进行这样的分类时，文本只是起到提供实例的作用。国内不少学者对以韩礼德为代表的系统功能语法较为熟悉。这种语法十分强调语言的生活功能或社会功能，但在建构语法模式时，功能语言学家采用的基本上都是自己设想出来的脱离语境的句子（Halliday, 1985）。与此相对照，在阐释一个实际句子或文本时，批评家必须关注其交流语境，否则难以较为全面地把握其意义。在此，我们不妨再举一个简单的传统语法的例子。在区分"主语""谓语""宾语""状语"这些成分时，我们可以将句子视为脱离语境的结构物，其不同结构成分具有不同的脱离语境的功能，譬如"主语"在任何语境中都具有不同于"宾语"或"状语"的句法功能。但在探讨"主语""谓语""宾语"等结构成分在一个作品中究竟起了什么作用时，就需要关注作品的生产语境和阐释语境。

互联网上有一个以美国学者为主体的叙事论坛。2002年10月28日，有一位学者发出邮件征求一个术语，用于描述充当叙述工具的信件和日记，要求该术语能涵盖"故事内的叙述者""同步性"和"书写性"。不难看出，这样的术语仅仅涉及结构特征，与作品的特定语境无关。

近20年来，尤其是近10年间，西方学界普遍呼吁应将叙事作品视为交流行为，而不应将之视为结构物。我的看法是，在建构叙事语法和叙述诗学时，完全可以将作品视为结构物，因为它们仅仅起到结构之例证的作用。但是，在阐释具体作品的意义时，则应将作品视为交流行为，关注作者、文本、读者、语境的交互作用。有了这种分工，我们就不应批评旨在建构"语法"或"诗学"的经典叙事学忽略读者和语境，而应将批评的矛头对准这么一部分叙事批评家：他们仅以经典叙事语法或叙述诗学为工具来分析作品，不考虑读者和社会历史语境。

4. "经典叙事学"与"后经典叙事学"

"经典叙事学"与"后经典叙事学"究竟是一种什么关系？中外学界普遍认为是一种后者替代前者的"进化"关系。英国学者戴卫·洛齐在20世纪70年代末采用经典叙事学的概念对海明威的《雨中猫》进行了分析，赫尔曼在《新叙事学》一书的"导论"中，以这一分析为例证来说明经典叙事学如何落后于后经典叙事学（Herman, 1999：4-14）。熟悉经典叙事学的读者也许会问：既然经典叙事学旨在建构叙事语法和叙述诗学，赫尔曼为何采用一个作品分析的例子作为其代表呢？其实，在赫尔曼看来，叙事语法、叙述诗学、叙事修辞这三个项目"现在已经演化为单一的叙事分析项目中相互作用的不同方面了"（Herman, 1999：9）。的确，20世纪90年代以来的叙事学家纷纷转向了具体作品分析。在笔者看来，这是考虑语境的必然结果。既然探讨基本规律的叙事语法（叙述诗学）一般并不要求考虑语境，而作品分析又要求考虑语境，那么当学术大环境提出考虑语境的要求时，学者们自然会把注意力转向后者。但值得注意的是，语境有两种：一是规约性语境（对于一个结构特征，读者一般会有什么样的反应）；二是个体读者所处的特定社会历史语境。当叙事学家聚焦于阐释过程的基本规律时，只会关注前者，而不会考虑后者。在这种情况下，基本立场并无本质改变，只是研究对象发生了变化。当研究目的转为解读某部叙事作品的主题意义时，叙事学家或叙事批评家才会考虑作品的社会历史语境。因为学界对这两种语境未加区分，也未认识到叙事语法（叙述诗学）和作品阐释对考虑语境有截然不同的要求，所以认为前者保守落后，已经过时。具有讽刺意味的是，紧接着赫尔曼的"导论"，书中第一篇文章就说明了经典叙事学脱离语境的研究方法没有过时。这篇文章为卡法莱诺斯所著，意在探讨叙述话语对信息的延宕和压制对故事的阐释有何影响。在具体分析阐释过程之前，卡法莱诺斯建立了下面这一叙事语法模式：

开头的均衡［这不是一种功能］

A　（或a）破坏性事件（或对某一情景的重新评价）

B　要求某人减轻A（或a）

C　C行动素决定努力减轻A（或a）

C'　C行动素为减轻A（或a）采取的初步行动

D　C行动素受到考验

E　C行动素回应考验

F　C行动素获得授权

G　C行动素为了H而到达特定的时空位置

H　C行动素减轻A（或a）的主要行动

I　（或I$_{之否定}$）H的成功（或失败）

K　均衡

这一模式综合借鉴了好几种著名经典叙事语法（卡法莱诺斯，2002：32注9）。"行动素"这一概念是由格雷马斯率先提出来的，用于描述人物在情节中的功能。卡法莱诺斯将这一概念与另外两个经典语法相结合。其一为托多洛夫的模式，即叙事的总体运动始于一种均衡，中间经过一个失衡期，走向另一种类似的均衡（有的作品会出现一个以上的从均衡到新均衡的循环，有的则仅经过部分循环）；其二为普洛普的模式，他根据人物的行为在情节中所起的作用，找出了人物的31种行为功能。普洛普聚焦于俄罗斯民间故事，卡法莱诺斯则旨在建立适用于各个时期各种体裁的叙事语法，因此她仅从普洛普的31种功能中挑选了11种，建立了一个更为抽象、适用范围更广的语法模式。显然，像以往的经典叙事学家一样，卡法莱诺斯在建构这一模式时，没有考虑读者和语境，仅聚焦于叙事作品共有的结构特征。

卡法莱诺斯采用这一模式对亨利·詹姆斯的《螺丝在拧紧》及巴尔扎克的《萨拉辛》进行了分析。她说："这两部作品所呈现的叙事世界都讲述了另一个叙事世界的故事。这种结构提供了一组嵌入式事件（包含在故事里的事件），可以从三个位置感知这些事件：故事里的人物、被包含故事里的人物、读者。三个位置的感知者观察同样的事件。不过，并非所有事件都能从所有位置上去感知，事件也并非以同样的顺序向每一个位置上的感知者展开。因此，我们可以通过比较不同位置上的感知者的阐释，测试压制和延宕的信息所产生的效果。"（卡法莱诺斯，2002：8）不难看出，卡法莱诺斯的目的不是阐释这两部作品的意义，而是旨在通过实例来说明延宕和压制信息在通常情况下会产生何种认识论效果。在此，我们不妨借用拉比诺维茨率先提出的四维度读者观：（1）有血有肉的个体读者；（2）作者的读者，处于与作者相对应的接受位置，对人物的虚构性有清醒的认识；（3）叙述读者，充当故事世界里的观察者，认为人物和事件是真实的；（4）理想的叙述读者，即叙述者心中的理想读者，完全相信叙述者的言辞（Rabinowitz, 1977：121-141）。这是四种共存的阅读意识，后三种为文本所预设，第一种则受制于读者的身份、经历和特定接受语境。尽管卡法莱诺斯一再声称自己关注有血有肉的个体读者，实际上由于她旨在说明信息结构和读者阐释的共性，因此她聚焦于无性别、种族、阶级、经历之分的读者或感知者，并不时有意排除个体读者的反应，"至于特定感知者是否意识到断点的存在，则不予深究""无论选取哪一种（以往的）阐释，只要知道了这一事件，就会引起对以前事件的回顾和重新阐释"（卡法莱诺斯，2002：7,17）。值得注意的是，拉比诺维茨的四维度读者观是针对具体作品的阐释提出的，而卡法莱诺斯只是将具体作品当作实例来说明叙事阐释的共性。从本质上说，她关心的是共享叙事规约、具有同样规约性阐释框架的读者。我们不妨将这种读者称为"文类读者"，即共享某一文类规约的读者，研究"文类读者"对某一作品的阐释只是为了说明该作品所属文类之阐释的共性。在探讨故事中的人物对事件的阐释时，卡法莱诺斯也通过无身份、经历之分的"文类读者"的眼光来看人物。诚然，以往的经典叙事学家没有关注读者的阐释过程，更没有考虑人物对事件的阐释或现实生活中人们对世界的体验。卡法莱诺斯对这些阐释过程的关注拓展了研究范畴。但这只是扩大了关注面，在基本立场上没有发生改变。我们必须认识到，不同的研究方法对读者和语境有不同的要求。我们不妨这样区分：

第一类，建构旨在描述叙事作品结构之共性的叙事语法（叙述诗学），无须关注读者和语境。

第二类，探讨读者对于叙事结构的阐释过程之共性，须关注无性别、种族、阶级、经历、时空位置之分的"文类读者"。

第三类，探讨故事中的不同人物对于同一叙事结构所做出的不同反应，须关注人物的特定身份、时空位置等对于阐释所造成的影响。但倘若分析目的在于说明叙事作品的共性，仍会通过无身份、经历之分的"文类读者"的规约性眼光来看人物。

第四类，探讨不同读者对同一种叙事结构可能出现的各种反应，须关注读者的身份、经历、时空位置等对于阐释所造成的影响。

第五类，探讨现实生活中的个体对世界的体验，须考虑该个体的身份、经历、时空位置等对于阐释所造成的影响。

第六类，探讨某部叙事作品的主题意义，须考虑该作品的具体创作语境和阐释语境，全面考虑拉比诺维茨提出的四维度读者。

这些不同种类的研究方法各有所用，相互补充，构成一种多元共存的关系。卡法莱诺斯在文章的开头建构的叙事语法属于第一类，无须关注读者和语境。她的具体分析以第二类为主，第三类为辅，均仅须考虑读者的规约性阐释语境，至于其他几类只是偶尔有所涉及或根本没有涉及。与此相对照，洛齐对海明威《雨中猫》的分析属于第六类，旨在通过对文中结构成分的分析，揭示作品的主题意义。这确实需要将作品视为交流行为，考虑作品的创作语境和阐释语境，包括有血有肉的个体读者的身份、经历、世界观等。

毫无疑问，正是因为对这些本质关系未加区分，赫尔曼才会将洛齐对《雨中猫》的分析（第六类）作为经典叙事学（第一类）的代表。赫尔曼（2002：13）所提出的问题确实非常重要："如果海明威的形式设计之下潜藏着这样的规范和信念，那么男性读者与女性读者在阐释那些技巧时的关键差异在什么地方？而20世纪90年代的男性读者与20世纪20年代的男性读者的情况又如何？那些技巧在每一种情况下都是'相同的'吗？还是说叙事形式在不同语境中具有新的含义或意义，因而必须把形式本身重新描述为语境中的形式（form-in-context）或作为语境中的形式来研究？"然而这只是在阐释作品的主题意义时才相关的问题。尽管赫尔曼断言："后经典叙事学突出了对海明威叙事策略的研究（譬如，小说叙事里的时态、人称、直接和间接引语等）与阐释语境相结合的重要性……洛奇的分析教导我们，必须将这种语境关系理论化，否则就难以正确地（或许是难以充分地）描述叙事的技巧及其意义。"但正如本文第二节所示，赫尔曼自己在对不同的事件类型进行区分时，根本没有考虑语境。中外学界迄今没有厘清这两种研究对于语境的不同要求，因此将后经典叙事学视为一种进步，将经典叙事学视为落后、过时。前者在分析具体作品这一方面无疑是一种进步，但相对于旨在探讨共性的叙事语法（叙述诗学）而言，则只能说是一种平行发展。可以说，倘若关注个体读者的不同阐释过程，关注个体读者所处的不同社会语境，就难以对小说叙事里的时态、人称、直接和间接引语、事件类型、叙述层次、视角类型等进行系统的分类。同样，倘若考虑不同的阐释语境，卡法莱诺斯也就难以建构出旨在描述共有特征的那一语法模式，而如果失去这一技术支撑，其分析也就会失去系统性和可操作性。

其实，若透过现象看本质，则不难发现不仅很多"后经典叙事学"的论著包含了"经典叙事学"的成分，而且有的"后经典叙事学"论著本身就可视为"经典叙事学"的新发展。本文第一节提到，在研究叙事作品的共有特征时，后经典叙事学的着眼点相对于经典叙事学出现了五个方面的转移。其中，第二个方面与第三个方面的转移从实质上说属于经典叙事学自身的新发展。第二个方面只是拓展了经典叙事学的研究范畴，仍然仅关注结构特征，没有考虑读者和语境的作用。可以说，理查森的系统分类与他提出的描述有关结构特征的各种概念是对经典叙事学现有模式的一种补充。第三个方面也只是采用了新的工具而已。像早期的经典叙事学家那样，这类研究聚焦于叙事作品的共性，不关注社会历史语境，因此也可视为经典叙事学本身的新发展。在此，我们不妨看看莱恩（2002）的观点。关于递归现象，叙事学家们至少对其中一种形式是非常熟悉的，那就是故事套故事或故事里嵌着故事。这种嵌入现象也可以用"堆栈"及其连带运作"推进"和"弹出"等计算机语言予以比喻性的描述：文本每进入一个新的层次，就将一个故事"推进"到一个等待完成的叙事堆栈上；每完成一个故事，就将它"弹出"，注意力返回到前面的层次。不难看出，莱恩的电脑时代的叙事语法与经典叙事语法在本质上并无差异，只不过是更新了分析工具，以便描述叙事的动态结构。至于后经典叙事学的另外三个方面，与经典叙事学也只是构成一种平行发展，而非取而代之的关系。我们可以仅仅关注形式结构本身，也可关注读者对形式结构的阐释过程；可以研究叙事的共时结构，也可以探讨形式结构的历史演变；可以聚焦于叙述形式之间的区别（如全知叙述和第一人称叙述的区别），也可考虑叙述形式与意识形态的关联（如出于何种社会原因，某位女作家偏爱一种特定的叙述形式）。这些不同的研究方法聚焦于事物的不同方面，各有各的关注点、盲点、长处和局限性。它们之间的关系应该是相互补充、多元共存的关系，而不是相互排斥的关系（申丹，2000）。

5. 经典叙事学下一步发展中需要注意的问题

通常认为，"经典叙事学"中的"经典"两字具有很强的时间指涉，专指风行于20世纪六七十年代的叙事语法或叙述诗学，因此与"过时"画上了等号。但如前所述，无论是就实际情况而言，还是在理论探讨这一层次，都可以说叙事语法或叙述诗学没有过时，它与关注读者和语境的"后经典叙事学"构成一种互补共存的关系。那么，在经典叙事学的未来发展中，应注意一些什么问题呢？

首先应摒弃对科学性、客观性的盲目追求和信赖。在建构语法和诗学的过程中难免有某种程度的主观性。上文提到一个三分法：（1）"发生的事"；（2）"行动"；（3）"旨在解决矛盾的行动"。这一区分完全以行为目的为依据，具有难以避免的片面性。从主题意义来说，《变形记》中的主人公变成大甲虫是一个关键事件，也是叙事兴趣的焦点所在。但由于这不是人物的自主行为，在依据行为目的进行区分时，它只能被归为"发生的事"这一类。莱恩认为，"旨在解决矛盾的行动"方构成叙事兴趣之焦点，这在《变形记》中显然是说不通的。应该说，在有的作品中，"发生的事"也是叙事兴趣所在。依据行为目的进行分类有其必要性和合理性，使我们能看到那一"变形"的某种重要结构特征：并非人物有意为之。但我们必须认识到一个语法模式代表了看问题的一个特定角度，采用一个模式来进行分析，也就是从一个特定的角度来看文本，每一个角度都只能看到事物的一个侧面，不同的角度构成一种相互补充的关系。

与此同时，我们也应避免过分夸大主观性。叙事语法或叙述诗学并非由描述者任意创造。情节结构、事件类型、叙事视角、叙述层次等，通过学者们的不断努力，还是可以比较客观地予以描述的。在解构主义风行，怀疑论盛行之时，有的叙事学家给"事实""证据""现实""结构"等统统打上了引号。里蒙-凯南在《叙事虚构作品：当代诗学》（2002年第二版）中说："现在我认为，这些引号其实可能具有双重意义，既象征怀疑，又象征一种愿望，想在某种程度上保留这些遭到破坏的概念"（Rimmon-Kenan, 2002：140）。她接下去说："还有一种更为激进的反应，力图将解构主义的洞见引入叙事学。譬如，奥尼尔对先前的叙事学模式进行了修正，以便强调他的断言：'作为一种话语系统，叙事总是潜在地颠覆其建构的故事以及其自身对那一故事的讲述'（2002：3）。"正如笔者另文所述，奥尼尔的著作逻辑混乱，难以站住脚。不仅奥尼尔如此，像乔纳森·卡勒这样的知名学者对叙事学重要前提的解构也经不起推敲（申丹，2002a）。两者的问题都在于过于相信怀疑论，未把握有关结构的实质，可视为前车之鉴。

其次，要充分认识到早期的叙事语法的局限性。20世纪六七十年代的经典叙事学家以神话、民间故事等为基础建立起来的叙事语法难以描述更为复杂的文学现象，譬如，小说的故事结构。若要建构小说事件的语法，需要做大量艰苦细致的工作，将小说分门别类，探讨各个类别之故事结构的基本构架和发展规律。小说创作不断更新，小说故事结构错综复杂，有的有规律可循，有的则不然，有的包含各种阻碍行动的因素，有的甚至无故事可言。若属于最后这样的情况，也就无法建构叙事语法。在建构叙事语法和叙述诗学时，对文学中的新体裁、其他媒介和非文学叙事可予以充分关注，以拓展研究范畴，争取新的发展空间。可以试图建构某种戏剧或某种电视剧的叙事语法或诗学、传记文学的叙事语法和叙述诗学等。已往的经典叙事学家对电影叙事较为关注，但对其他媒介很少考虑，留下了不少发展空间。此外，每一类作品都有符合规约和偏离规约这两种情况，以往的描述往往不能涵盖偏离常规、实验创新的叙事现象，需要不断对现有分析模式进行补充和扩展。此外，有些偏离传统的文学体裁已形成了自己的规约，譬如，后现代小说就有其特定的叙述方式，不妨对这些规律进行探讨。诚然，这些作品的规律往往难以把握，或难以用理论模式来系统描述，但还是值得尝试的。

最后，尽管建构"共时性"的叙事语法和叙述诗学无须考虑语境，但对于叙事结构的"历史性"应有清醒的认识。美国叙事学家查特曼在《叙事术语评论》一书中，提出小说中的叙述技巧可同时服务于与语境无关的"美学修辞"和与语境相关的"意识形态修辞"（ideological rhetoric）。他探讨了弗吉尼亚·伍尔夫《雅各的房间》所采用的"对人物内心的转换性有限透视"的修辞效果（Chatman，1990；申丹，2002c）。这一叙述技巧的特点是在第三人称叙述中，从一个人物的内心突然转向另一人物的内心，但并不存在一个全知叙述者，转换看上去是偶然发生的。查特曼认为，这一技巧的美学修辞在于劝我们接受伍尔夫的虚构世界。在这一世界中，经验呈流动状态，不同人的生活不知不觉地相互渗透。"至于真实世界是否的确如此，在此不必讨论。"就意识形态修辞而言，则应看到人物意识之间的突然转换反映出现代生活的一个侧面，即充满空洞的忙碌，心神烦乱，缺乏信念和责任感等。为了说明美学修辞和意识形态修辞之间的区别，查特曼还设想了这么一种情形：假如一部描写中世纪生活的小说采用了"对人物内心的转换性有限透视"，那么在故事的虚构世界里，这一技巧依然具有表达"经验呈流动状态，不同人的生活不知不觉地相互渗透"这一美学修辞效果，因为这一效果与真实世界的变化无关。笔者对这一观点感到难以苟同。我们知道，叙述技巧并非超时空，而是特定历史时期的产物。伍尔夫之所以用"对人物内心的转换性有限透视"来替代传统的全知叙述有其深刻的社会历史原因，与第一次世界大战以来不再迷信权威、共同标准的消失、展示人物自我这一需要的增强、对客观性的追求等诸种因素密切相关。用这样打上了现代烙印的叙述技巧来描述中世纪的生活，恐怕会显得很不协调。总之，无论是探讨叙述技巧的演变，还是研究叙述技巧在某一时期或某部作品中的作用，都应充分考虑社会历史语境。

此外，经典叙事学现有的理论概念和分析模式中存在各种混乱和问题，有的一直未得到重视和解决，这主要是因为20年来学界普遍认为经典叙事学已经过时的看法极大地妨碍了这方面的工作。诚然，对语境和读者的重视确实促使叙事学家对"隐含作者""叙事性"等概念进行了重新审视和修正，但其他结构特征却未能得到关注，导致问题的遗留，甚至错上加错[6]，需要进行清理。

6　譬如，Mieke 的三分法本身有问题。参见 Shen D. Narrative, Reality and Narrator as Construct: Reflections on Genette's Narration. Narrative, 2001, 9（2）: 128, Onega and Landa（1996）。对这一三分法进行借用和发挥，又导致了新的问题。

参考文献

- 赫尔曼.新叙事学[M].马海良,译.北京:北京大学出版社,2002.

- 卡法莱诺斯.似知未知:叙事里的信息延宕和压制的认识论效果[M]//赫尔曼.新叙事学.马海良,译.北京:北京大学出版社,2002:3-34.

- 莱恩.电脑时代的叙事学:计算机、隐喻和叙事[M]//赫尔曼.新叙事学.马海良,译.北京:北京大学出版社,2002:61-87.

- 申丹.试论当代西方文论的排他性和互补性[J].北京大学学报(哲学社会科学版),2000(4):195-202.

- 申丹.解构主义在美国——评J.希利斯·米勒的"线条意象"[J].外国文学评论,2001(2):5-13.

- 申丹."故事与话语"解构之"解构"[J].外国文学评论,2002a(2):42-52.

- 申丹.多维 进程 互动——评詹姆斯·费伦的后经典修辞性叙事理论[J].国外文学,2002b(2):3-11.

- 申丹.修辞学还是叙事学?经典还是后经典?——评西摩·查特曼的叙事修辞学[J].外国文学,2002c(2):40-46.

- 申丹.语境、规约、话语——评卡恩斯的修辞性叙事学[J].外语与外语教学,2003(1):2-10.

- BAL M. Narratology: introduction to the theory of narrative[M]. 2nd ed. VAN BOHEEMAN C, trans. Toronto: University of Toronto Press, 1997.

- CHATMAN S. Coming to terms[M]. Ithaca: Cornell University Press, 1990.

- CURRIE M. Postmodern narrative theory[M]. New York: St. Martin's Press, 1998.

- DOLEZEL L. Heterocosmica: fiction and possible worlds[M]. Baltimore: Johns Hopkins University Press, 1998.

- HALLIDAY M A K. An Introduction to functional grammar[M]. London: Edward Arnold, 1985.

- HERMAN D. Introduction[M]// HERMAN D. Narratologies: new perspectives on narrative analysis. Columbus: Ohio State University Press, 1999: 1-30.

- HERMAN D. Story logic[M]. Lincoln: University of Nebraska Press, 2002.

- KEARNS M. Rhetorical narratology[M]. Lincoln: University of Nebraska Press, 1999.

- LANSER S S. Fictions of authority: women writers and narrative voice[M]. Ithaca: Cornell University Press, 1992.

- LANSER S S. Sexing the narrative: propriety, desire, and the engendering of narratology[J]. Narrative, 1995, 3(1): 85-94.

- MILLER J H. Reading narrative[M]. Norman: University of Oklahoma Press, 1998.

- ONEGA S, LANDA J A G. Narratology[M]. London: Longman, 1996.

- RABINOWITZ P J. Truth in fiction: a reexamination of audiences[J]. Critical inquiry, 1977, 4(1): 121-141.

- RICHARDSON B. Denarration in fiction: erasing the story in Beckett and others[J]. Narrative, 2001, 9(2): 168-175.

- RICHARDSON B. Beyond story and discourse: narrative time in postmodern and nonmimetic fiction[M]// RICHARDSON B. Narrative dynamics. Columbus: Ohio State University Press, 2002, 47-64.

- RIMMON-KENAN S. Narrative fiction: contemporary poetics[M]. 2nd ed. London: Routledge, 2002.

- RYAN M-L. Possible worlds, artificial intelligence, and narrative theory[M]. Bloomington: Indiana University Press, 1991.

- SAUSSURE F. Course in general linguistics[M]. BASKIN W, trans. London: Philosophical Library Inc, 1960.

- SHEN D. Narrative, reality, and narrator as construct: reflections on Genette's narration[J]. Narrative, 2001, 9(2): 5-11, 123-129.

二 何为"不可靠叙述"？⁷

1. 引言

"不可靠叙述"是当代西方叙事理论中的"一个中心话题"（Nünning, 2005：92），近年来，这一话题在国内叙事研究界也日益受到重视，频频出现于相关研究论著之中。针对"不可靠叙述"有两种研究方法：修辞方法和认知（建构）方法。对此，西方学界有两种意见：一种认为认知方法优于修辞方法，应该用前者取代后者；另一种认为两种方法各有其片面性，应该将两者相结合，采用"认知－修辞"的综合性方法。然而，笔者认为，两种方法各有其独立存在的合理性和必要性。此外，两者实际上涉及两种难以调和的阅读位置，对"不可靠叙述"的界定实际上互为冲突。根据一种方法衡量出来的"不可靠"叙述完全有可能依据另一种方法的标准变成"可靠"叙述，反之亦然。由于两者之间的排他性，不仅认知（建构）方法难以取代修辞方法，而且任何综合两者的努力也注定会徒劳无功，因此，在叙事研究的实践中，我们只能保留其中一种方法，而牺牲或压制另一种。学界迄今对此缺乏认识，因此产生了不少混乱，也为运用这一概念带来了困惑和困难。本文旨在消除混乱，廓清画面，并从一个侧面拓展"不可靠叙述"的研究范畴，以

7　原载《外国文学评论》2006年第4期，133—143页。

便更好、更全面地把握何为"不可靠叙述",并帮助了解如何在批评实践中运用这一概念。

2. 修辞性研究方法

修辞方法由韦恩·布思在《小说修辞学》(Booth,1961)中创立,追随者甚众。布思衡量"不可靠叙述"的标准是作品的规范(norms)。所谓"规范",即作品中事件、人物、文体、语气、技巧等各种成分体现出来的作品的伦理、信念、情感、艺术等各方面的标准(Booth,1961:73-74)。这里有两点值得注意。一是布思认为作品的规范就是"隐含作者"的规范。通常我们认为作品的规范就是作者的规范。但布思提出了"隐含作者"的概念来特指创作作品时作者的"第二自我"。在创作不同作品时作者可能会采取不尽相同的思想艺术立场,因此该作者的不同作品就可能会"隐含"互为对照的作者形象。作者在创作某一作品时特定的"第二自我"就是该作品的"隐含作者"。二是尽管布思一再强调作品意义的丰富性和阐释的多元性,但受新批评有机统一论的影响,他认为作品是一个艺术整体(Booth,1961:73),由各种因素组成的"隐含作者"的规范也就构成一个总体统一的衡量标准。这种看法显然难以解释有些作品,尤其是现当代作品的内部差异。

在布思看来,倘若叙述者的叙述与"隐含作者"的规范保持一致,那么叙述者就是可靠的;倘若不一致,则是不可靠的(Booth,1961:159)。这种不一致的情况往往出现在第一人称叙述中。布思聚焦于两种类型的"不可靠叙述":一种涉及故事事实;另一种涉及价值判断。叙述者对事实的详述或概述都可能有误,也可能在进行判断时出现偏差。无论是哪种情况,读者在阅读时都需要进行"双重解码"(double-decoding[8]):其一是解读叙述者的话语;其二是脱开或超越叙述者的话语来推断事情的本来面目,或推断什么才构成正确的判断。

---

8 "Double-decoding"(Shen,1988:628-635)是笔者从文体学研究领域借用的一个词语。

这显然有利于调动读者的阅读积极性。文学意义产生于读者双重解码之间的差异。这种差异是不可靠的叙述者与（读者心目中）可靠的作者之间的对照。它不仅服务于主题意义的表达，而且反映出叙述者的思维特征，因此对揭示叙述者的性格和塑造叙述者的形象有着重要作用。

布思指出，在读者发现叙述者的事件叙述或价值判断不可靠时，往往产生反讽的效果。作者是效果的发出者，读者是接受者，叙述者则是嘲讽的对象。也就是说作者和读者会在叙述者背后进行隐秘交流，达成共谋，商定标准，据此发现叙述者话语中的缺陷，而读者的发现会带来阅读快感（Booth，1961：300-309）。在谈到事实叙述的不可靠性时，布思举了 T. S. 艾略特的《艾尔弗雷德·普鲁弗洛克的情歌》的开头为例。在普鲁弗洛克眼里，黄昏的天空就像是一个被麻醉的病人。倘若读者想要知道天气的真实情况，这样的描述无疑是不可靠的（Booth，1961：175）。但此处情况并非如此简单，我们面对的是象征性很强的现代派诗歌，而非现实主义作品。普鲁弗洛克眼中的天空意象在某种程度上反映了现代西方人的精神困境，体现了（隐含）作者对当时西方社会的看法，作者也无疑希望读者分享这一看法。的确，就文本的字面表层而言，普鲁弗洛克的叙述未能反映天气的真实情况，因此不可靠。然而，就文本的象征深层而言，普鲁弗洛克的叙述则在某种程度上表达了其与作者对世界的共识，这也是作者邀请读者分享的共识，因此并非不可靠。

修辞方法当今的主要代表人物是布思的学生和朋友、美国叙事理论界权威詹姆斯·费伦。他至少在三个方面发展了布思的理论。一是他将"不可靠叙述"从两大类型或两大轴（"事实/事件轴"和"价值/判断轴"）发展到了三大类型或三大轴（增加了"知识/感知轴"），并沿着这三大轴，相应区分了六种"不可靠叙述"的亚类型：事实/事件轴上的"错误报道"和"不充分报道"；价值/判断轴上的"错误判断"和"不充分判断"；知识/感知轴上的"错误解读"和"不充分解读"（Phelan，2005：49-53；Phelan, Martin，1999：91-96）。就为何要增加"知识/感知轴"这点而言，费伦举了石黑一雄的小说《长日将尽》的最后部分为例。第一人称叙述者史蒂文斯这位老管家在谈到他与以前的同事肯顿小姐的关系时，只是从工作角度看问题，未提及自己对这位旧情人的个人兴趣和个人目的。这有可能是故意隐瞒导致的"不充分报道"（事实/事件轴），也有可能是由他未意识到（至少是未能自我承认）自己的个人兴趣而导致的"不充分解读"（知识/感知轴）（Phelan，2005：33-34）。

应该指出，布思在《小说修辞学》中并非未涉及"知识/感知轴"上的"不可靠叙述"。他只是未对这种文本现象加以抽象概括。他提到叙述者可能认为自己具有某些品质，而（隐含）作者却暗暗否定，例如，在马克·吐温的《哈克贝利·芬历险记》中，叙述者声称自己天生邪恶，而作者却在他背后暗暗赞扬他的美德（Booth，1961：158-159）。这就是叙述者因为自身知识的局限而对自己的性格进行的"错误解读"。当然，费伦对三个轴的明确界定和区分不仅引导批评家对"不可靠叙述"进行更为全面系统的探讨，而且将注意力引向了三个轴之间可能出现的对照或对立：一位叙述者可能在一个轴上可靠（譬如，对事件进行如实报道），而在另一个轴上不可靠（譬如，对事件加以错误的伦理判断）。若从这一角度切入，往往能更好地揭示这一修辞策略的微妙复杂性，也能更好地把握叙述者性格的丰富多面性。但值得注意的是，费伦仅关注三个轴之间的平行关系，而笔者认为，这三个轴在有的情况下会构成因果关系。譬如，上文提到的史蒂文斯对自己个人兴趣的"不充分解读"（知识/感知轴）必然导致他对此的"不充分报道"（事实/事件轴）。显然这不是一个非此即彼的问题，而是两个轴上的不可靠性在一个因果链中共同作用。

除了增加"知识/感知轴"，费伦还增加了一个"区分"——区分第一人称叙述中，"我"作为人物的功能和作为叙述者的功能的不同作用。费伦指出布思对此未加区别：

> 布思的区分假定一种等同，或确切说，是叙述者与人物之间的一种连续，所以，批评家希望用人物的功能解释叙述者的功能，反之亦然。即是说，叙述者的话语被认为与我们对他作为人物的理解相关，而人物的行动则与我们对他的话语的理解相关

（费伦，2002：82）[9]。

也就是说，倘若"我"作为人物有性格缺陷和思想偏见，那批评家就倾向于认为"我"的叙述不可靠。针对这种情况，费伦指出，人物功能和叙述者功能实际上可以独立运作，"我"作为人物的局限性未必会作用于其叙述话语。譬如，在《了不起的盖茨比》中，尼克对在威尔森车库里发生的事的叙述就相当客观可靠，未受到他的性格缺陷和思想偏见的影响（费伦，2002：83）。在这样的情况下，叙述者功能和人物功能是相互分离的。这种观点有助于读者更为准确地阐释作品，更好地解读"我"的复杂多面性。

费伦还在另一方面发展了布思的理论。费伦的研究注重叙事的动态进程，认为叙事在时间维度上的运动对读者的阐释经验有至关重要的影响（申丹，2002：3-11；王杰红，2004：19-23），因此他比布思更为关注叙述者的不可靠程度在叙事进程中的变化。他不仅注意分别观察叙述者的不可靠性在"事实/事件轴""价值/判断轴""知识/感知轴"上的动态变化，而且注意观察在第一人称叙述中，"我"作为"叙述者"和作为"人物"的双重身份在叙事进程中何时重合，何时分离。这种对"不可靠叙述"的动态观察有利于更好地把握这一叙事策略的主题意义和修辞效果。但笔者认为，费伦的研究有一个盲点，即忽略了第一人称叙述的回顾性质。他仅仅在共时层面探讨"我"的叙述者功能和人物功能。而在第一人称回顾性叙述中，"我"的人物功能往往是"我"过去经历事件时的功能，这与"我"目前叙述往事的功能具有时间上的距离。我们不妨看看鲁迅《伤逝》[10]中的一个片段：

这是真的，爱情必须时时更新、生长，创造。

---

9 值得注意的是，"叙述者"和"人物"是第一人称叙述中"我"的两个不同身份，我们应该谈"我"作为"叙述者"或"人物"，而不应像费伦那样谈"叙述者"作为"人物"。

10 本文中鲁迅作品均节选自《鲁迅全集》，人民文学出版社1963年出版。

我和子君说起这，她也领会地点点头。

唉唉，那是怎样的宁静而幸福的夜呵！

安宁和幸福是要凝固的，永久是这样的安宁和幸福。我们在会馆里时，还偶尔有议论的冲突和意思的误会，自从到吉兆胡同以来，连这一点也没有了；我们只在灯下对坐的怀旧谭中，回味那时冲突以后的和解的重生一般的乐趣。

这段文字中的"永久是这样的安宁和幸福"与两人爱情的悲剧性结局直接冲突，可以说是不可靠的叙述。这是正在经历事件的"我"或"我们"在幸福高潮时的看法或幻想，与文本开头处"在吉兆胡同创立了满怀希望的小小的家庭"相呼应。也就是说，作为叙述者的"我"很可能暂时放弃了自己目前的视角，暗暗借用了当年作为人物的"我"的视角来叙述。"我"是一位理想主义的青年知识分子，作品突出表现了"我"不切实际的幻想与幻灭的现实之间的对照和冲突。这句以叙述评论的形式出现的当初的幻想对加强这一对照起了较大作用。值得注意的是，"安宁和幸福是要凝固的"中的"凝固"一词与前文中的"更新、生长，创造"相冲突，带有负面意思，体现出叙述自我的反思，也可以说是叙述自我对子君满足现状的一种间接责备。这种种转换、冲突、对照和模棱两可具有较强的修辞效果，对刻画人物性格，强化文本张力，增强文本的戏剧性和悲剧性具有重要作用。这里有三点值得注意：（1）叙述者功能和人物功能的历时性渗透或挪用——当今的叙述者"我"不露痕迹地借用了过去人物"我"的视角；（2）叙述者本人采用的策略。"不可靠叙述"往往仅构成作者的叙事策略，叙述者并非有意为之。但此处的叙述者虽然知晓后来的发展，却依然在叙述层上再现了当初不切实际的看法，这很可能是出于修辞目的而暂时有意误导读者的一种策略。诚然，还有一种可能性：在回味当初的幸福情景时，叙述者又暂时回到了当时"宁静而幸福"的心理状态。若是那样的话，叙述者功能和人物功能则达到了某种超越时空的重合；（3）像这样的"不可靠叙述"之理解有赖于叙事进程的作用——只有在读到后面的悲剧性发展和结局时，才能充分领悟到此处文字的不可靠。

值得一提的是，布思、费伦和其他众多学者是将叙述者是否偏离了"隐含作者"的规范作为衡量"不可靠"的标准，而有的学者则是将叙述者是否诚实作为衡量标准。在探讨史蒂文斯由于未意识到自己对肯顿小姐的个人兴趣而做出的不充分解读时，丹尼尔·施瓦茨提出，史蒂文斯只是一位"缺乏感知力"的叙述者，而非一位"不可靠"的叙述者，因为他"并非不诚实"（Schwarz, 1997：197）。笔者认为，把是否诚实作为衡量"不可靠叙述"的标准是站不住脚的。叙述者是否可靠在于是否能提供给读者正确和准确的话语。一位缺乏信息、智力低下、道德败坏的人，无论如何诚实，都很可能会进行错误或不充分的报道，加以错误或不充分的判断，得出错误或不充分的解读。也就是说，无论如何诚实，其叙述也很可能是不可靠的。在此，我们需要认清"不可靠叙述"究竟涉及叙述者的哪种作用。A.F.纽宁认为石黑一雄《长日将尽》中的叙述者"归根结底是完全可靠的"，因为尽管其叙述未能客观再现故事事件，但真实反映了叙述者的幻觉和自我欺骗（Nünning, 1999：59）。笔者对此难以苟同，应该看到，叙述者的"可靠性"问题涉及的是叙述者的中介作用，故事事件是叙述对象，若因为叙述者的主观性而影响了客观再现这一对象，作为中介的叙述就是不可靠的。的确，这种主观叙述可以真实反映出叙述者本人的思维和性格特征，但它恰恰说明了这一叙述中介为何会不可靠。

3. 认知（建构）方法

认知（建构）方法是以修辞方法之挑战者的面目出现的，旨在取代后者。这一方法的创始人是塔玛·雅克比，其奠基和成名之作是1981年在《今日诗学》上发表的《论交流中的虚构叙述可靠性问题》一文（Yacobi, 1981; 1987; 2000; 2001），该文借鉴了迈尔·斯滕伯格将小说话语视为复杂交流行为的理论（Sternberg, 1978: 254-305），从读者阅读的角度来看不可靠性。多年来，雅克比一直致力于这方面的研究，并在2005年发表于《叙事理论指南》的一篇论文中，以托尔斯泰的《克莱采奏鸣曲》为例，总结和重申了自己的基本主张（Yacobi, 2005）。雅克比将不可靠性界定为一种"阅读假设"或"协调整合机制"（integration mechanism），当遇到文本中的问题（包括难以解释的细节或自相矛盾之处）时，读者会采用某种阅读假设或协调机制来解决。

雅克比系统提出了以下五种阅读假设或协调机制。（1）关于存在的机制，这种机制将文中的不协调因素归因于虚构世界，尤其是归因于偏离现实的可然性原则，童话故事、科幻小说、卡夫卡的《变形记》等属于极端的情况。在托尔斯泰的《克莱采奏鸣曲》中，叙述者一直断言他的婚姻危机具有代表性。这一断言倘若符合虚构现实，就是可靠的，否则就是不可靠的。笔者认为，这里实际上涉及了两种不同的情况。在谈童话故事、科幻小说和《变形记》时，雅克比考虑的是虚构规约对现实世界的偏离，而在谈托尔斯泰的作品时，她考虑的则是作品内部叙述者的话语是否与故事事实相符。前者与叙述者的可靠性无关，后者则直接相关。（2）功能机制，这种机制将文中的不协调因素归因于作品的功能和目的。（3）文类原则，依据文类特点（如悲剧情节之严格规整或喜剧在因果关系上享有的自由）来解释文本现象。（4）关于视角或不可靠性的原则。依据这一原则，"读者将涉及事实、行动、逻辑、价值、审美等方面的各种不协调因素视为叙述者与作者之间的差异"。这种对叙述者不可靠性的阐释"以假定的'隐含作者'的规范为前提"。（5）关于创作的机制，这一机制将文中矛盾或不协调的现象归因于作者的疏忽、摇摆不定或意识形态问题等因素（Yacobi, 2005：110-112）。

另一位颇有影响的认知（建构）方法的代表人物是A.F.纽宁，他受雅克比的影响，聚焦于读者的阐释框架，断言"不可靠性与其说是叙述者的性格特征，不如说是读者的阐释策略"（Nünning, 2005：95）。[11]他在1997年发表的一篇论文中对"隐含作者"这一概念进行了解构和重构，采用"总体结构"（the structural whole）来替代"隐含作者"。在A.F.纽宁看来，总体结构并非存在于

---

11 纽宁新近从"认知方法"转向了下文将讨论的"认知–修辞方法"。此处的断言是他在近作中对自己曾采纳的"认知方法"的总结。

作品之内，而是由读者建构的，若面对同一作品，不同读者很可能会建构出大相径庭的作品"总体结构"（Nünning, 1997）。在1999年发表的《不可靠，与什么相比？》一文中，A.F.纽宁对"不可靠叙述"重新界定如下：

> 与查特曼和很多其他相信"隐含作者"的学者不同，我认为"不可靠叙述"的结构可用戏剧反讽或意识差异来解释。当出现"不可靠叙述"时，叙述者的意图和价值体系与读者的预知（foreknowledge）和规范之间的差异会产生戏剧反讽。对读者而言，叙述者话语的内部矛盾或者叙述者的视角与读者自己的看法之间的冲突意味着叙述者的不可靠（Nünning, 1999：58）。

也就是说，A.F.纽宁用读者的规范既替代了"隐含作者"的规范，也置换了文本的规范。尽管A.F.纽宁依然一再提到文本的规范与读者规范之间的交互作用，但在他的理论框架中，文本的总体结构是由读者决定的，因此文本规范已经变成读者规范。

4. "认知（建构）方法"难以取代"修辞方法"

雅克比和A.F.纽宁都认为自己的模式优于布思创立的修辞模式，因为不仅可操作性强（确定读者的假设远比确定作者的规范容易），且能说明读者对同一文本现象的不同解读。不少西方学者也认为以雅克比和A.F.纽宁为代表的认知（建构）方法优于修辞方法，前者应取代后者（Zerweck, 2001：151）。但笔者对此难以苟同。在笔者看来，这两种方法实际上涉及两种并行共存、无法调和的阅读位置。一种是"有血有肉的个体读者"的阅读位置，另一种是"隐含读者"或"作者的读者"的阅读位置（Rabinowitz, 1977：121-141）。前者受制于读者的身份、经历和特定接受语境，后者则为文本所预设，与"隐含作者"

相对应。修辞方法聚焦于后面这种理想化的阅读位置。在修辞批评家看来，"隐含作者"创造出不可靠的叙述者，制造了作者规范与叙述者规范之间的差异，从而产生反讽等效果。"隐含读者"或"作者的读者"则对这一叙事策略心领神会，加以接受。倘若修辞批评家考虑概念框架（conceptual schema），也是以作者创作时的概念框架为标准，读者的任务则是"重构"同样的概念框架，以便做出正确的阐释（Phelan，2005：105）。值得注意的是，"不可靠叙述者"往往为第一人称，现实中的读者只能通过叙述者自己的话语来推断"隐含作者"的规范和概念框架。可以说，这种推断往往是读者将自己眼中的可靠性或权威性投射到作者身上。面对同样的文本现象，不同批评家很可能会推断出不同的作者规范和作者框架。也就是说，真实读者只能争取进入"隐含读者"或"作者的读者"之阅读位置（Phelan，2005：49），这有可能成功，也有可能失败。由于修辞批评家力求达到理想的阐释境界，因此他们会尽量排除干扰，以便把握作者的规范，做出较为正确的阐释。

与此相对照，以雅克比和A.F.纽宁为代表的认知（建构）方法聚焦于读者的不同阐释策略或阐释框架之间的差异，并以读者本身为衡量标准。既然以读者本身为标准，读者的阐释也就无孰对孰错之分。雅克比将自己2005年发表的那篇论文定题为"作者修辞、叙述者的（不）可靠性、大相径庭的解读：托尔斯泰的《克莱采奏鸣曲》"。托尔斯泰的作品争议性很强，叙述者究竟是否可靠众说纷纭。雅克比将大量篇幅用于述评互为冲突的解读，论证这些冲突如何源于读者的不同阅读假设或协调机制。尽管她在标题中提到了"作者修辞"，且在研究中关注"'隐含作者'的规范"，但实际上她的这些概念与修辞学者的有本质差异。在修辞学者眼中，"'隐含作者'的规范"存在于文本之内，读者的任务是尽量靠近这一规范，并据此进行阐释。相比之下，在雅克比眼中，任何原则都是读者本人的阅读假设，"'隐含作者'的规范"只是读者本人的假定，也就是说，雅克比所说的"作者修辞"实际上是一种读者建构。她强调任何阅读假设都可以被"修正、颠倒，甚或被另一种假设所取代"，并断言叙述者的不可靠性"并非固定在叙述者之（可然性）形象上的性格特征，而是依据相关关系由读者临时归属或提取的一种特征，它取决于（具有同样假定性质的）在语境中作用的规范。在某个语境（包括阅读语境、作者框架、文类框架）中被视为'不可靠'的叙述，可能在另一语境中变得可靠，甚或在解释时超出了叙述者的缺陷这一范畴"（Yacobi, 2005：110）。A.F.纽宁也强调相对于某位读者的道德观念而言，叙述者可能是完全可靠的，但相对于其他人的道德观念来说，则可能极不可靠。他举了纳博科夫《洛丽塔》的叙述者亨伯特为例。倘若读者自己是一个鸡奸者，那么在阐释亨伯特这位虚构的幼女性侵者时，就不会觉得他不可靠（Nünning, 1999：61）。

我们不妨从A.F.纽宁的例子切入，考察一下两种方法之间不可调和又互为补充的关系。就修辞方法而言，若鸡奸者认为亨伯特奸污幼女的行为无可非议，他自我辩护的叙述正确可靠，那就偏离了"隐含作者"的规范，构成一种误读。这样我们就能区分道德正常的读者接近作者规范的阐释与鸡奸者这样的读者对作品的"误读"。与此相对照，就认知方法而言，读者就是规范，阐释无对错之分。那么鸡奸者的阐释就会和非鸡奸者的阐释同样有理。一位叙述者的（不）可靠性也就会随着不同读者的不同阐释框架而摇摆不定。不难看出，若以读者为标准，就有可能会模糊、遮蔽，甚或颠倒作者或作品的规范。但认知方法确有其长处，可揭示出不同读者的不同阐释框架或阅读假设，说明为何对同样的文本会产生大相径庭的阐释。这正是修辞批评的一个盲点，修辞批评家往往致力于自己进行尽量正确的阐释，不关注前人的阅读，即便关注也只是说明前人的阅读如何与作品事实或作者规范不符，不去挖掘其阐释框架。而像雅克比、A.F.纽宁这样的认知批评家则致力于分析前人大相径庭的阐释框架。倘若我们仅仅采用修辞方法，就会忽略读者不尽相同的阐释原则和阐释假定；而倘若我们仅仅采用认知方法，就会停留在前人阐释的水平上，难以前进。此外，倘若我们以读者规范取代作者/作品规范，就会丧失合理的衡量标准。笔者认为，可以让这两种研究方法并行共存，但应摒弃认知方法的读者标准，坚持修辞方法的作者/作品标准，这样我们就可既保留对理想阐释境界的追求，又看到不同读者的不同阐释框架或阅读假设的作用（Shen, Xu, 2007：43-87）。

5. "认知（建构）方法"对"认知叙事学"主流的偏离

西方学界普遍认为，以雅克比和A.F.纽宁为代表的"认知方法"是"认知叙事学"的重要组成部分。但若仔细考察，则不难发现，他们的基本立场偏离了"认知叙事学"的主流。认知叙事学是与认知科学相结合的交叉学科，旨在揭示读者共有的叙事阐释规律。认知叙事学所关注的语境与西方学术大环境所强调的语境实际上有本质不同。就叙事阐释而言，我们不妨将"语境"分为两大类：一是"叙事语境"；二是"社会历史语境"。前者涉及的是超社会身份的"叙事规约"或"文类规约"（"叙事"本身构成一个大的文类，不同类型的叙事则构成其内部的次文类）；后者主要涉及与种族、性别、阶级等社会身份相关的意识形态关系。为了廓清画面，让我们先看看言语行为理论所涉及的语境：教室、教堂、法庭、新闻报道、小说、先锋派小说、日常对话等（Pratt，1977）。这些语境中的发话者和受话者均为类型化的社会角色：老师、学生、牧师、法官、先锋派小说家等。这样的语境堪称"非性别化""非历史化"的语境。诚然，"先锋派小说"诞生于某一特定历史时期，但言语行为理论关注的并非该历史时期的社会政治关系，而是该文类本身的创作和阐释规约。与这两种语境相对应，有两种不同的读者：一种是作品主题意义的阐释者，涉及阐释者的身份、经历、时空位置等；另一种我们可称为"文类读者"或"文类认知者"，其主要特征在于享有同样的文类规约，同样的文类认知假定、认知期待、认知模式、认知草案或认知框架。不难看出，我们所说的"文类认知者"排除了有血有肉的个体独特性，突出了同一文类的读者所共享的认知规约（Shen，2005b：155-157；申丹，韩加明，王丽亚，2005：38-309）。我们不妨区分以下两种研究方法：

> （1）探讨读者对于（某文类）叙事结构的阐释过程之共性，聚焦于无性别、种族、阶级、经历、时空位置之分的"文类认知者"，或关注读者特征/时空变化如何妨碍个体读者成为"文类认知者"。

（2）探讨不同读者对同一种叙事结构的各种反应，须关注个体读者的身份、经历、阅读假设等对阐释所造成的影响。

大多数认知叙事学论著都属于第一种研究，集中关注"规约性叙事语境"和"文类认知者"。也就是说，这些认知叙事学家往往通过个体读者的阐释来发现共享的叙事认知规律。与此相对照，以雅克比和A.F.纽宁为代表的"认知"方法属于第二种研究，聚焦于不同读者认知过程之间的差异，发掘和解释造成这些差异的原因，并以读者的阐释框架本身为衡量标准。有趣的是，有的"认知"研究从表面上看属于第二种，实际上则属于第一种。让我们看看弗卢德尼克的这段话：

> 此外，读者的个人背景、文学熟悉程度、美学喜恶也会对文本的叙事化产生影响。譬如，对现代文学缺乏了解的读者也许难以对弗吉尼亚·伍尔夫的作品加以叙事化。这就像20世纪的读者觉得有的15或17世纪的作品无法阅读，因为这些作品缺乏论证连贯性和目的论式的结构（Fludernik, 2003：262）。

从表面上看，弗卢德尼克考虑的是读者特征和阅读语境，实际上她是以作品本身（如现代文学）为衡量标准的，关注的是文类叙事规约对认知的影响——是否熟悉某一文类的叙事规约直接左右读者的叙事认知能力。无论读者属于什么性别、阶级、种族、时代，只要同样熟悉某一文类的叙事规约，就会具有同样的叙事认知能力（智力低下者除外），就会对文本进行同样的叙事化。而倘若不了解某一文类的叙事规约，在阅读该文类的作品时，就无法对作品加以叙事化，阅读就会失败。这与雅克比和A.F.纽宁的立场形成了鲜明对照，因为后者是以个体读者为标准的。

二 何为"不可靠叙述"？

西方学界迄今没有关注"认知（建构）方法"的独特性，这导致了以下两种后果：（1）雅克比、A.F.纽宁和其他相关学者一方面将叙述可靠性的决定权完全交给个体读者，另一方面又大谈读者共享的叙事规约，文中频频出现自相矛盾之处，这在A.F.纽宁的《不可靠，与什么相比？》（1999）一文中表现得尤为突出；（2）将"认知（建构）方法"与沿着修辞轨道走的"认知方法"混为一谈。A.F.纽宁的夫人V.纽宁就是沿着修辞轨道走的一位"认知"学者。她集中探讨了不同历史时期的读者所采取的不同阐释策略（Nünning, 2004：236-252）。但她的立场是修辞性的，以作者创作时的概念框架为标准，读者的任务是重构与作者相同的概念框架。不同历史语境中的不同社会文化因素会影响读者的阐释，形成阐释陷阱，导致各种"误读"；读者需要排除历史变化中的各种阐释陷阱，才能把握作者的规范，得出较为正确的阐释。这是以作者为标准的认知研究，与A.F.纽宁等以读者为标准的认知研究在基本立场上形成了直接对立。西方学界对此缺乏认识，对这两种认知研究不加区分，难免导致混乱。笔者的体会是，不能被标签所迷惑，一个"认知"标签至少涵盖了三种研究方法：（1）以叙事规约为标准的方法（认知叙事学的主流）；（2）以读者的阐释框架为标准的方法（"建构"型方法）；（3）以作者的概念框架为标准的方法（"修辞"型方法）。在研究中，我们应具体区分是哪种认知方法，并加以区别对待，才能避免混乱。

6. "认知（建构）－修辞"方法的不可能

由于没有认识到"认知（建构）方法"对"认知叙事学"主流的偏离，以及与"修辞方法"的不可调和，近来西方学界出现了综合性的"认知（建构）－修辞方法"，但在笔者看来，这种综合的努力是徒劳的。

在2005年发表于《叙事理论指南》的一篇重新审视"不可靠叙述"的论文中，A.F.纽宁对修辞方法和认知（建构）方法的片面性分别加以批评：修辞方法聚焦于叙述者和"隐含作者"之间的关系，无法解释"不可靠叙述"在读者身上产生的"语用效果"（Nünning, 2005：94-95）；另一方面，认知方法仅仅考虑读者的阐释框架，忽略了作者的作用（Nünning，2005：105）。为了克服这些片面性，A.F.纽宁提出了综合性的"认知-修辞方法"，这种"综合"方法所关心的问题是：有何文本和语境因素向读者暗示叙述者可能不可靠？"隐含作者"如何在叙述者的话语和文本里留下线索，从而"允许"批评家辨认出不可靠的叙述者（Nünning，2005：101）？不难看出，这是以作者为标准的修辞型方法所关心的问题，没有给建构型方法留下余地，而A.F.纽宁恰恰是想将这两种方法综合为一体。建构型方法关心的主要问题是：读者不同的阐释框架如何导致不同的阐释？不同的解读如何源于不同的阅读假设？这种"读者关怀"难以与"作者关怀"协调统一。A.F.纽宁在理论上只照顾到了修辞方法，而且在分析实践中，也只是像修辞批评家那样，聚焦于"作者的读者"这一阅读位置，没有考虑不同读者不尽相同的阐释，完全忽略了读者不同阐释框架的作用（Nünning，2005：100-103）。

如前所述，这两种方法在基本立场上难以调和。若要克服其片面性，只能让其并行共存，各司其职。在分析作品时，若能同时采用这两种方法，就能对"不可靠叙述"这一作者创造的叙事策略和其产生的各种语用效果达到较为全面的了解。

7. 人物-叙述的（不）可靠性

A.F.纽宁在《不可靠，与什么相比？》（1999）一文中，提出应系统研究不可靠性与性格塑造之间的关联。他说："这一问题一直为学界所忽略。在迄今能看到的唯一一篇探讨这一问题的论文中，申丹（1989：309）阐明了'在不可靠性方面对规约的偏离对于揭示或加强叙述立场'有重要作用，也可对'塑造特定的主体意识'起重要作用"（Nünning，1999：59）。叙事学界通常将"不可靠性"仅用于叙述者，不用于人物。而笔者在A.F.纽宁提到的这篇发表于美国《文体》杂志上的论文中，则聚焦于叙述层上不可靠的人物眼光对人物主体意识的塑造作用（Shen，1988），但A.F.纽宁误以为笔者是在谈"不可靠叙述"对叙述者本人性格的塑造作用（Nünning，1999：59）。时至今日，后者已引起了学界的充分关注，但前者依然未得到重视。笔者认为，无论在第一人称还是在第三人称叙述中，人物的眼光均可导致叙述话语的不可靠，而这种"不可靠叙述"又可对塑造人物起重要作用。让我们看看康拉德《黑暗的中心》第三章中的一段：

> 我给汽船加了点速，然后向下游驶去。岸上的两千来双眼睛注视着这个溅泼着水花、震摇着前行的凶猛的河怪的举动。它用可怕的尾巴拍打着河水，向空中呼出浓浓的黑烟。

第一人称叙述者"我"为船长马洛，他无疑不会将自己的船视为"河怪"。不难看出，他暗暗采用了非洲土著人不可靠的眼光来叙述，使读者直接通过土著人的眼光来看事物，直接感受他们原始的认知方式以及对"河怪"的畏惧情感。由于土著人的眼光在叙述层上运作，因此导致了叙述话语的不可靠。这种"不可靠叙述"的独特之处在于人物的不可靠和叙述者的可靠之间的张力，这种张力和由此产生的反讽效果可生动有力地刻画人物特定的意识和知识结构。这种"不可靠叙述"在中外小说中都屡见不鲜。在有的第三人称小说，如威廉·戈尔丁的《继承者》中，由人物的眼光造成的"不可靠叙述"构成了一种大范围的叙述策略。《继承者》的前大半部分在叙述层上都采用了原始的尼安德特人的眼光聚焦，让读者直接通过原始人不可靠的眼睛来观察事物。值得注意的是，在有的作品中，这种人物眼光造成的"不可靠叙述"较为隐蔽，且难以当场发现，回过头来才会发觉。让我们看看曼斯菲尔德《唱歌课》中的一段：

> 梅多斯小姐心窝里正扎着绝望那把刀子，不由恨恨地瞪着理科女教师。……对方甜得发腻地冲她一笑。"你看来冻——僵了，"她说。那对蓝眼睛睁得偌大；眼神里有点嘲笑的味儿。（难道给她看出点什么来了？）

曼斯菲尔德在《唱歌课》的潜藏文本中对社会性别歧视这把杀人不见血的尖刀进行了带有艺术夸张的揭露和讽刺（申丹，2005b）。梅多斯小姐被未婚夫抛弃后，一直担心社会歧视会让她没有活路。在上引片段中，从表面上看，括号前面是全知叙述者的可靠叙述，但读到后面，我们则会发现这里叙述者换用了梅多斯小姐充满猜疑的眼光来观察理科女教师。后者友好的招呼在前者看来成了针对自己的嘲弄。"眼神里有点嘲笑的味儿"是过于紧张敏感的梅多斯小姐的主观臆测，构成"不可靠叙述"（理科女教师其实根本不知道梅多斯小姐被男人抛弃一事）。这种将人物不可靠的眼光"提升"至叙述层的做法不仅可以生动有力地塑造人物主体意识，而且可以丰富和加强主题意义的表达（申丹，2005）。

这种独特的"不可靠叙述"迄今未引起学界的重视。这主要有以下两种原因：（1）在探讨"不可靠叙述"时，批评家一般仅关注第一人称叙述，而由人物眼光造成的"不可靠叙述"常常出现在第三人称叙述中；（2）即便关注了《继承者》这样的第三人称作品大规模采用人物眼光聚焦的做法，也只是从人物的"思维风格"（mind-style）（Shen，2005a：311-312）这一角度来看问题，没有从"不可靠叙述"这一角度来看问题。其实我们若能对这一方面加以重视，就能从一个侧面丰富对"不可靠叙述"的探讨。

"不可靠叙述"是一种重要的叙事策略，对表达主题意义、产生审美效果有着不可低估的作用。这一叙事策略在西方学界引起了十分热烈的讨论，也希望国内学界能对其予以进一步的关注，以此帮助推动国内叙事研究的发展。

参考文献

- 费伦. 作为修辞的叙事 [M]. 陈永国, 译. 北京: 北京大学出版社, 2002.

- 申丹. 多维 进程 互动: 评詹姆斯·费伦的后经典修辞性叙事理论 [J]. 国外文学, 2002(2): 3-11.

- 申丹. 选择性全知、人物有限视角与潜藏文本——重读曼斯菲尔德的《唱歌课》[J]. 外国文学. 2005(6): 56-62.

- 申丹, 韩加明, 王丽亚. 英美小说叙事理论研究 [M]. 北京: 北京大学出版社, 2005.

- 王杰红. 作者、读者与文本动力学——詹姆斯·费伦《作为修辞的叙事》的方法论诠释 [J]. 国外文学, 2004(3): 19-23.

- BOOTH W C. The rhetoric of fiction[M]. Chicago: University of Chicago Press, 1961.

- FLUDERNIK M. Natural narratology and cognitive parameters[M]// HERMAN D. Narrative theory and the cognitive sciences. Stanford: CSLI, 2003.

- NÜNNING A F. Deconstructing and reconceptualizing the implied author[J]. Organ des verbandes Deutscher Anglisten, 1997(8): 95-116.

- NÜNNING A F. Unreliable, compared to what? Towards a cognitive theory of unreliable narration: prolegomena and hypotheses[M]// GRUNZWEIG W, SOLBACH A. Transcending boundaries: narratology in context. Tubingen: Gunther Narr Verlag, 1999: 53-73.

- NÜNNING A F. Reconceptualizing unreliable narration: synthesizing cognitive and rhetorical approaches[M]//PHELAN J, RABINOWITZ P J. A companion to narrative theory. Oxford: Blackwell, 2005: 89-107.

- NÜNNING V. Unreliable narration and the historical variability of values and norms: the *Vicar of Wakefield* as a test case of a cultural-historical narratology[J]. Style, 2004, 38(2): 236-252.

- PHELAN J. Living to tell about it[M]. Ithaca: Cornell University Press, 2005.

- PHELAN J, MARTIN M P. The lessons of *Waymouth*: homodiegesis, unreliability, ethics and *The Remains of the Day*[M]//HERMAN D. Narratologies. Columbus: Ohio State University Press, 1999: 88-109.

- PRATT M L. Towards a speech act theory of literary discourse[M]. Bloomington: Indiana University Press, 1977.

- RABINOWITZ P J. Truth in fiction: a reexamination of audiences[J]. Critical inquiry, 1977, 4(1): 121-141.

- SCHWARZ D. Performative saying and the ethics of reading: Adam Zachary Newton's *Narrative Ethics*[J]. Narrative, 1997, 5(2): 188-206.

- SHEN D. On the aesthetic function of intentional "illogicality" in English-Chinese translation of fiction[J]. Style, 1988, 22(4): 628-645.

- SHEN D. Unreliability and characterization[J]. Style, 1989, 23(2): 300-311.

- SHEN D. Mind-style[M]// HERMAN D, et al. Routledge encyclopedia of narrative theory. London: Routledge, 2005a.

- SHEN D. Why contextual and formal narratologies need each other[J]. Journal of narrative theory, 2005b, 35(2): 141-171.

- SHEN D, XU D J. Intratextuality, extratextuality, intertextuality: unreliability in autobiography vs. fiction[J]. Poetics today, 2007, 28(1): 43-87.

- STERNBERG M. Expositional modes and temporal ordering in fiction[M]. Baltimore: Johns Hopkins University Press, 1978.

- YACOBI T. Fictional reliability as a communicative problem[J]. Poetics today, 1981, 2(2): 113-126.

- YACOBI T. Narrative and normative pattern: on interpreting fiction[J]. Journal of literary studies, 1987, 3(2): 18-41.

- YACOBI T. Interart narrative: (un)reliability and ekphrasis[J]. Poetics today, 2000, 21(4): 708-747.

- YACOBI T. Pachage deals in fictional narrative: the case of the narrator's (un)reliability[J]. Narrative, 2001, 9(2): 223-229.

- YACOBI T. Authorial rhetoric, narratorial (un)reliability, divergent readings: Tolstoy's *Kreutzer Sonata*[M]// PHELAN J, RABINOWITZ P J. A companion to narrative theory. Oxford: Blackwell, 2005: 108-123.

- ZERWECK B. Historicizing unreliable narration: unreliability and cultural discourse in narrative fiction[J]. Style, 2001, 35(1): 151-178.

三 坡的短篇小说／道德观、
"不可靠叙述"与《泄密的心》[12]

1. 引言

　　埃德加·爱伦·坡（简称爱伦·坡或坡）在国内外都受到了批评界的较多关注，学者们从各种角度对坡的作品、身世、创作背景、影响展开探讨。就作品而言，尤为关注对坡的恐怖短篇小说的阐释（出于对效果的考虑，坡的小说作品基本都是短篇）。但无论研究风向如何变动，长期以来，在研究坡的恐怖短篇时，学者们倾向于忽略其中某些作品的道德寓意，原因在于：（1）坡被公认为唯美派的代表之一，学者们往往仅从审美的角度阐释坡的作品；（2）坡也被视为颓废派的代表之一，其作品中有不少消极成分。还有人从坡生活中的性格缺陷出发，排除对他的作品之道德价值的考虑；（3）坡的恐怖短篇的戏剧性很强。不少评论家聚焦于人物的变态心理、故事的怪诞神秘、谋杀的恐怖效果等各种戏剧性成分。在这些原因中，最影响对道德寓意关注的是第一种。长期以来，国内外相关学者普遍认为坡的唯美主义观是大一统的文学观或文艺观。本文首先将指出，坡的唯美主义观实际上是一种体裁观：诗歌是（或应该是）唯美的文类，短篇小说则不然。就坡的恐怖短篇而言，若仔细考察文本的叙事结构，包括第一人称叙述的不可靠性，则会发现有的作品蕴含着某种道德教

---

12 原载《国外文学》2008年第1期，48—62页。

训，《泄密的心》（1843，此处表示初次出版年代，后同）就是一个典型实例。然而，坡的不同恐怖短篇体现出不同的道德立场，有的含有或明或暗的道德教训，有的却无视社会道德规范。综合考虑坡作品的复杂性和学者们大相径庭的阐释，我们会发现，有必要对"认知派"的关注面加以补充，并对"修辞派"的衡量标准进行修正。

2. 诗歌的唯美与短篇小说的宽广

坡的唯美主义论述针对的是说教派的诗歌观，后者认为，"所有诗的最终目的是真理（truth）。每首诗都应灌输一种道德教训，而诗歌的价值也是根据这一道德教训来判断的"（Poe, 1909a：6）。与此相对照，坡认为"完全为诗而做的诗"才是"最有尊严、最为高尚的"（Poe, 1909a：7）。然而，坡的这种唯美的看法与诗歌本身的体裁特点密不可分。诚然，就短篇小说而言，坡也同样强调必须达到"效果或印象的统一"，为了这种统一，作品应能在"半小时至一两小时之内"读完；而且为了这种统一，须先构想出一种单一的效果，然后再创造出能表达这种效果的事件，并围绕这种效果遣词造句（Poe, 1842：298-300；Poe, 1909b：285-303）。但他在主题上对诗歌和短篇小说进行了明确区分。坡（1842）在评论霍桑的《故事重述》时，提出了"美"与"真"的二元对立，前者是诗歌最高和唯一的追求，而后者则"经常在很大程度上构成短篇故事的目的"，因此短篇小说所涉及的范围比诗歌要"宽广得多"（Poe, 1909b：297-298）。为何这两种体裁会有这种本质区别呢？坡认为，原因主要在于诗歌华丽的语言尤其是人工节奏（译文为笔者翻译，着重号为笔者所加，后同）：

> 如前所述，短篇故事甚至在一个方面优于诗歌。实际上，尽管诗歌的节奏对于发展诗歌最高的概念——美的概念而言，是必不可少的手段，但这种节奏的人工性质妨碍表达所有以真（truth）为基础的思想观念。然而，真经常在很大程度上构成短

三　坡的短篇小说/道德观、"不可靠叙述"与《泄密的心》

篇故事的目的……简言之，散文故事的作者可以在主题方面引入各种各样的思想表达（譬如，推理性质的，讽刺性质的，或诙谐性质的），这些思想表达不仅违背诗歌的本质，而且被诗歌的一种最为独特也最不可或缺的表达手段绝对排斥。当然，我指的是节奏（Poe, 1909b: 297-298）。

也就是说，诗歌之所以是唯美的，仅仅是因为诗歌的人工节奏妨碍其表达以"真"为基础的思想观念。其实，这在坡看来是一种不利条件，但必须尊重这种体裁特征，仅仅用诗歌来表达美。由于散文没有人工节奏的束缚，因此在创作短篇小说时，可以表达各种与诗歌之唯美性质相违的主题思想。为何如此明确的体裁区分在以往关于坡的研究中会一直被忽略呢？一个重要的原因是，坡在"效果统一"这一点上对诗歌和小说提出了完全一致的要求，这种形式上要求的一致在坡的唯美主义诗论引起关注之后，遮蔽了他在主题上对两种体裁截然不同的看法。

然而，即便就小说而言，坡的主题关怀跟说教派的也大相径庭。从表面上看，说教派的"truth"与坡的"truth"似乎在道德关怀上是一致的。但如上所引，坡眼中与"truth"相关的主题涉及面很广，而不像说教派的"truth"那样集中指向道德范畴。而且在文学与现实的关系上，要求小说家围绕某种单一效果来构思和写作的坡显然也与众不同。但有一点可以肯定，坡并不排斥道德关怀。值得注意的是，在《诗歌原理》（1850）中，坡在强调诗歌仅仅直接涉及"美"和"趣味"的同时，也表示赞同亚里士多德对"趣味"的伦理看法："趣味与道德感区别甚小，所以亚里士多德毫不犹豫地将趣味的某些运作摆到了德行（virtues）中间"（Poe, 1909a：7-8）。坡在《创作的哲学》（1846）（Poe, 1909c：1-16）和《诗歌原理》中认为：道德上的责任规范或真理的教训等因素并非不能进入诗歌，因为它们也能以各种方式服务于作品的总体目的，并取得较好的效果。但真正的艺术家会对这些成分进行柔化并加以掩盖，使之服从于构成诗歌之本质和氛围的美。特别值得注意的是，坡在这些文论中一再强调，短篇小说较为适合表达 "truth"，而不应像诗歌那样以唯美为目的。他还补充说明，若小说家以唯美为目的，就会处于 "不利地位"，因为 "诗歌才能较好地表达美"（Poe，1909b：298）。[13]

为了更好地把握坡的短篇小说观，我们不妨看看他对霍桑《故事重述》的一段评论：

> 很难说在这些短篇故事中，哪个是最好的，但我重复一点，它们毫无例外地都很美。《韦克菲尔德》涉及的是众所周知的事情，但其组织或讨论该事的技巧卓尔不群。一个男人突发奇想，要抛弃他的妻子，在附近隐姓埋名住上20年。这种事情实际上在伦敦发生了。霍桑先生故事的力量在于对丈夫动机的分析，首先是这些动机（可能）促使他做出这种荒唐事，还分析了丈夫坚持下去的原因。就这一主题霍桑建构了一个具有非凡力量的短篇……《牧师的黑面纱》是一个精巧的作品，唯一的弱点在于对下里巴人而言，其高雅的技巧构成难以欣赏的阳春白雪。作品表面的意义会掩盖其暗示的意义。临终的牧师所谈论的道德教训看上去表达了这一叙事作品真正的意思，而实际上牧师犯下了一种邪恶的罪行（涉及那位 "年轻女性"），而这一点只有与作者意气相投的读者才能领会……由于其神秘主义，《白衣老处女》的缺陷甚至超过了《牧师的黑面纱》。即便读者善于思考和分析，也难以洞察其整个含义（Poe, 1909b: 299-300）。

---

13 然而，在坡的恐怖短篇，如涉及美人之死的《丽姬娅》中，审美成分占据了十分重要的地位。

不难看出，虽然坡依然关注短篇小说的"美"，但这种关注却绝非"唯美"的。在这些短篇小说中，"美"在很大程度上成了表达作品意义的一种手段。倘若形式技巧阻碍了读者对主题意义的接受，那就是一种失败。也就是说，让读者领会作品真正的含义才是最重要的。值得注意的是，坡在此最为赞赏的《韦克菲尔德》是具有较强道德说教性的作品，第三人称叙述者明确声称讲述该故事的一个主要目的是找到其"道德教训"，作品也以这一道德教训而结束：个人在社会体系中都有自己应有的位置，若一旦不安分守己，就面临永远失去自己位置的危险。在情节进程中，叙述者以居高临下的道德姿态或明或暗地批评了主人公的愚蠢荒唐和残酷无情，分析了他离家弃妻的根本原因：自私和虚荣。坡对这一作品的道德主题、道德说教显然持赞同态度。尽管坡在自己的作品中，特别注重统一效果和戏剧性，避免这样居高临下的道德说教，但可以看出，他并不排斥短篇小说的道德关怀。

由于对坡的文论未仔细考察，以往的相关论著出现了以下几种问题：（1）很多学者将坡的唯美主义诗论扩展为大一统的文学观，认为"坡将'道德说教'驱逐出了艺术领域"（Moldenhauer，1968：285-287），"坡不涉及道德问题"（Buranelli，1961：72），"坡所有的作品都显然缺乏对道德主题的兴趣"（Cleman，1991：623）。在这种定见的作用下，有的批评家望文生义，看到坡对寓言体裁的批评，就马上得出结论："寓言是最为明确地为道德'灌输'服务的形式……坡对这一体裁的敌意坚实地植根于他将审美目的和说教目的相分离的理论"（Moldenhauer，1968：286）。实际上，坡的批评矛头并非指向寓言的道德说教，而是指向寓言"对于虚构叙事至关重要的逼真性"的破坏，且由于寓言有表层意义和深层暗含意义之分，因此容易破坏作品的"统一效果"（Poe，1909b：291）。坡所欣赏的散文叙事"最直接地走向真，不过于突出，恰如其分，令人愉悦"（Poe，1909b：292）。（2）在不区分诗歌和小说的基础上探讨坡的道德关怀。莫尔登豪尔曾挑战对坡的传统定见，提出坡将审美价值提升到了道德范畴，将艺术确立为一种宗教（Moldenhauer，1968：289）。遗憾的是，莫尔登豪尔对诗歌和小说不加区分，依然将坡的诗歌观拓展为总体艺术观，以仅仅关注"美"和"趣味"为出发点。尽管他对"美"本身加以道德升华，用

"审美的超道德"来引入道德因素，却并未消除对坡的小说观的误解。（3）有的学者虽然注意到了坡对诗歌和短篇小说这两种体裁的区分，但依然把后一种体裁往唯美的轨道上拉。约翰·怀特利说："坡一方面认为诗歌最高的境界是美，另一方面又认为短篇故事的目的是真……然而，或许他所说的'真'其实就是：故事的每一部分（节奏、情节、人物、语言、指涉）都统一为一个结局服务，这一结局给故事带来符合逻辑、连贯一致和令人满意的结尾"（Whitley, 2000：xii）。这将坡对"真"的主题关怀置换成了形式上的效果统一论。毋庸置疑，只有看到坡的唯美主义实际上是一种体裁观，仅局限于诗歌范畴，才能更好、更全面地理解坡的短篇小说。

在解读坡的恐怖短篇时，我们需要同时关注三个方面的交互作用：（1）整体性：是否或怎样达到了效果或印象的统一；（2）戏剧性：坡的恐怖小说具有哥特小说传统，他自己又特别重视独创性和想象力的作用，因此作品往往具有很强的戏剧性；（3）主题性：包括是否具有道德寓意。值得注意的是，在坡的短篇小说中，只有一部分蕴涵道德寓意，而且即便就这些作品而言，道德寓意也只是跟整体性和戏剧性交互作用的一个方面。只是在以往的研究中，由于把坡的唯美主义扩展到了短篇小说范畴，这些作品中的道德寓意往往被忽略。若能对之加以适当关注，应能有助于对坡的这些短篇小说达到更为全面的了解。在这一方面，本文意在帮助做一种拾遗补阙的工作。值得强调的是，对这些作品中道德寓意的关注不能是单一、孤立的，而应是综合、互动的，需关注统一效果、戏剧性和道德寓意之间相互加强的协同作用。本文将从"不可靠叙述"这一角度切入对《泄密的心》中这三方面交互作用的分析。

3. "不可靠叙述"与道德教训

与霍桑的《韦克菲尔德》中第三人称叙述者居高临下的道德说教形成对照，坡的涉及道德寓意的恐怖短篇往往采用第一人称叙述。坡有时让第一人称叙述者揭示自己内心善与恶的冲突（如《黑猫》），有时则仅仅通过结构形式的巧妙安排来暗示道德教训（如《泄密的心》）。后面这种情况更易被忽略，这是本文将《泄密的心》作为主要分析对象的原因。作品描述的是一个神经质的人对同居一屋的老头儿的谋杀。他认为那个"从不曾伤害过"他，也"从不曾侮辱过"他的老头儿长了只秃鹰眼，使他难以忍受。在午夜打开老头儿的房门缝，暗暗探查了一周之后，他进入老头儿的房间将其杀害，并肢解了尸体，埋在地板下。当警察来搜查时，他十分紧张地听到了地板下老头儿心脏愈来愈大的跳动声，认为警察也听到了而只是佯装不知，感到痛苦不堪而承认了自己的罪行。在《评霍桑的〈故事重述〉》和《创作的哲学》等文论中，坡一再强调作品的开头尤其是结尾对于表达统一效果的重要性。我们不妨先看看《泄密的心》的开头和结尾[14]（黑体和着重号为笔者所标，后同）：

[首段] 没错！——神经过敏——我从来就而且现在也非常非常神经过敏；可你怎么要说我疯了？这种病曾一直使我感觉敏锐——没使它们失灵——没使它们迟钝。尤其是我的听觉曾格外敏感。我曾听见天堂和人世的万事万物。我曾听见地狱里的许多事情。那么，我怎么会疯呢？听好！并注意我能多么神志健全，多么沉着镇静地给你讲这个完整的故事。

[结尾] 这时我的脸色无疑是变得更白；——但我更是提高嗓门海阔天空。然而那声音也在提高——我该怎么办？那是一种微弱的、沉闷的、节奏很快的声音——就像是一只被棉花包着的表发出的声音。我已透不过气——可警官们还没有听见那个声音。我以更快的语速更多的激情夸夸其谈；但那个声音越来越响。我用极高的声调并挥着猛烈的

---

14 本文中《泄密的心》的译文均参考了曹明伦（1995：619-625），略有改动。

手势对一些鸡毛蒜皮的小事高谈阔论；但那个声音越来越响。他们怎么还不想走？我踏着沉重的脚步在地板上走来走去，好像是那些人的见解惹我动怒——但那个声音越来越响。哦，主啊！我该怎么办？我唾沫四溅——我胡言乱语——我破口大骂！我拼命摇晃我坐的那把椅子，让它在地板上磨得吱嘎作响，但那个声音压倒一切，连绵不断，越来越响。它越来越响——越来越响——越来越响！可那几个人仍高高兴兴，有说有笑。难道他们真的没听见？万能的主啊？——不，不！**他们听见了！他们怀疑了！——他们知道了！——他们是在笑话我胆战心惊！**——我当时这么想，现在也这么看。可**无论什么都比这种痛苦好受！无论什么都比这种嘲笑好受！我再也不能忍受他们虚伪的微笑！我觉得我必须尖叫，不然就死去！**——而听——它又响了！听啊！——它越来越响！越来越响！越来越响！——

"恶棍！"我尖声嚷道，"**别再装了！**我承认那事！——撬开这些地板！——这儿，在这儿！——这是他可怕的心在跳动！"

有两个因素导致"我"罪行暴露：（1）"我"听到被杀死的老人的心跳[15]；（2）"我"对警察的"虚伪"难以忍受。第一个原因有违常理，但"我"在

---

15 不少学者根据现实生活的可能性推断：由于不可能听到死人的心跳，因此"我"听到的只能是自己的心跳（Shelden, 1976: 77；Hoffman, 1972: 232）。与此相对照，一般都认为卡夫卡《变形记》中的主人公确实变成了大甲虫。其实，这两种情况本质相同：作者在虚构世界里建构了一种超越生活可能性的"艺术现实"。

故事的开头为之做了铺垫（"尤其是我的听觉曾格外敏感……我曾听见地狱里的许多事情"）。在"我"实施谋杀计划的过程中，又再次加以铺垫："我难道没告诉过你，你所误认为的[我的]疯狂只不过是感觉的过分敏锐？——我跟你说，这时我的耳朵里传进了一种微弱的、沉闷的、节奏很快的声音……那是（被杀前的）老头儿的心在跳动。"也就是说，坡让作品的开头、中腰、结尾相互呼应，制造了一种连贯一致的印象："我"说他听到老头儿的心跳，若不是精神病人的幻觉，至少也是他的异常感官的一种特异功能，由此可以断定，即便在坡笔下怪异的虚构世界里，感官正常的警察也并未听到地下老头儿心脏的跳动。也就是说，"我"对警察听觉的判断是错误的，其叙述是不可靠的。[16]

　　"我"最难以忍受的是自己眼中警察的"虚伪"，而"虚伪"是他自己最为突出的性格特征。在详述谋杀过程之前，他对受述者说："你真该看看我动手时是多么精明——多么小心谨慎——多么深谋远虑——伪装得多么巧妙地来做那件事情！"。这是提纲挈领的主题句，下文一直围绕"我"处心积虑的伪装展开。"小心谨慎"为的是不被老头儿察觉；"深谋远虑"可解释"小心谨慎"，也重点指向藏尸灭迹。"伪装得多么巧妙"可加强或涵盖前面的意思，也更直截了当地指向"我"的虚伪。"我"拿定主意要杀死老头儿后，对老头儿反而格外亲切起来（"我对他从来没有过那么亲切"）。他晚上去老头儿的房间探查，第二天清晨则"勇敢地走进他的卧室，大胆地跟他说话，亲热地对他直呼其名，并询问他夜里睡得是否安稳。"他还装模作样地对上门搜查的警察"表示欢迎"，并"请他们搜查——好好搜查"。上引结尾片段中，也可看出不少文字都或明或暗地指向"我"的伪装。"我"十分清楚自己的感官"格外"和"过分"敏锐，按理说，他不应怀疑警察也听到了老头儿的心跳。而正是他自己的虚伪导致他怀疑警察是故作不知，在暗暗嘲笑他（这使人联想到他对老头儿的嘲笑："我几乎按捺不住心中那股得意劲儿。你想我就在那儿，一点儿

---

16 无论在什么种类的虚构叙事作品中，判断对事实的叙述是否可靠，仅仅涉及虚构现实（不涉及生活现实），这里的"不可靠性"在于对虚构现实的偏离。

一点儿地开门，而他甚至连做梦也想不到我神秘的举动和暗藏的企图。想到这儿我忍不住抿嘴一笑"）。也就是说，是他自己的道德缺陷引发了他对警察的无端怀疑，给他带来了最大的痛苦，导致了他的暴露和灭亡。

值得注意的是，不仅在事实报道方面出现了"不可靠叙述"，在价值判断方面，叙述也十分不可靠。这一作品的反讽在很大程度上来自"我"的双重价值判断标准。他一直在自我欣赏自己的虚伪，产生了一种连贯一致的效果。"我"夸赞自己"狡猾"（cunning）和"偷偷摸摸"（stealthy）的行为，将之视为高超的技艺，一种"聪明"（cleverness），一种"精明"（wise），一种"睿智"（sagacity），他还把自己为了加强伪装而主动对老头儿亲热视为一种"勇气"（courage）。结尾处警察上门时，"我满脸微笑（请注意这里的描述与"我再也不能忍受他们虚伪的微笑！"之间颇具反讽性的呼应关系——笔者注）——因为我有什么好怕的呢？我向几位先生表示欢迎……出于我的自信所引起的热心，我往卧室里搬进了几把椅子……而出于我的得意所引起的大胆，我把自己的椅子就安在了下面藏着尸体的那个位置。"这也进一步说明，正是他自鸣得意的道德缺陷导致了他的自我暴露和毁灭。

在上引结尾片段中，可明显看到道德教训和戏剧性的交互作用、相互加强。这段描述就像音乐的渐强，越来越强，直至爆发。在人物话语表达方式上，先是总结性地报道人物的话语行为，然后转向较为直接、戏剧性较强的自由间接引语，以表达人物的愈发紧张恐惧。最后突然转向全文唯一的、前景化的直接引语，用更强的戏剧性展示人物的自我暴露，这样，叙述方式和所述内容都同时达到高潮。而高潮处"我"对自己眼中警察的"虚伪"的指控"恶棍！别再装了！"具有强烈的戏剧反讽性，因为"我"自己一直在伪装，而警察却并未佯装，这一猛喝无意中构成一种强烈的自我谴责。这是坡独特、天才的情节安排。值得强调的是，我们在探讨坡的作品时，须特别关注他表达故事的方式。《泄密的心》涉及道德主题这一方面的价值主要在于坡这种独具匠心的情节安排："我"的叙述一直紧扣自己"伪装得多么巧妙地来做那件事情！"展开，最后"我"遭到自我欣赏的虚伪的惩罚。故事紧紧围绕至关重要的结局处的"我再也不能忍受他们虚伪的微笑！""恶棍！别再装了！"这种强烈戏剧反讽的效果来建构。这种"效果统一"的戏剧反讽是艺术性和道德寓意的有机结合，大大超越了通常直白式的"恶有恶报"的主题表达。从伦理批评的角度来看，"我"对警察的"虚伪"的叙述究竟是否可靠具有至关重要的意义。倘若叙述可靠，那么结尾处的"我"就成了警察之"虚伪"的令人同情的受害者；"恶棍！别再装了！"也就成了"我"站在正义的立场上，对他人道德缺陷的谴责。而如果叙述不可靠，则成了反讽性的自我道德谴责。极具讽刺意味的是，一方面他视自己的虚伪为难能可贵的性格特征；另一方面，他最不能忍受的就是自己眼中警察的"虚伪"，而后者完全是他自身虚伪的无意识投射，他所不能忍受的警察的所谓"嘲笑"也是他对老头儿嘲笑的一种心理报应。我们看到的是事实轴和判断轴上的双重"不可靠叙述"所产生的强烈反讽和道德教训。

同样颇具反讽意味的是，坡一方面批评霍桑在《牧师的黑面纱》等作品中的技巧过于高雅，使读者难以领会其真正的道德含义；另一方面，他又在自己的《泄密的心》中运用了较为阳春白雪的手法。一百多年来，中外批评家一直未关注《泄密的心》中通过巧妙构思和"不可靠叙述"表达的"效果统一"的戏剧性反讽（"我"的虚伪和双重价值标准导致了自己的痛苦、暴露和毁灭）。批评界对此视而不见主要有以下几种原因：（1）仅从审美的角度切入，忽略作品的道德教训。叙述者"我"既天才又白痴的累累絮语与急转直下的幻灭结合在一起，是爱伦·坡小说独一无二的结构模式，也暗合古典悲剧营造幻象、情节逆转、暴露真相的典范（陈器文，2000）。然而，将《泄密的心》这样的作品与古典悲剧相类比，不仅会遮掩作品的道德教训，也会遮蔽坡真正独创性的情节安排，即通过"不可靠叙述"微妙独特地再现恶有恶报的主题。（2）仅看文本表象，如聚焦于"我"过分敏锐的感知，认为这让"我"听到很多东西，获得过多的知识，从而受到"毁灭性知识的惩罚"（Freeman，2002：101-102）。（3）沿着叙述者的思路走，认为叙述者对自己小心谨慎地实施谋杀的描述只是为了证明他没有疯。若看到其叙述的不可靠，也只是看到其叙述的一些特征表明他实际上精神有毛病（Robinson，1965：369-370；Wilson，Lazzari，1998：345-347；Zimmerman，2001：34-49；Silverman，1991：208-209）。保罗·威瑟林顿聚焦于读者如何被叙述者牵着鼻子走，成为其"无声的帮凶"。譬如，叙述者在讲到行凶那夜惊动了老头儿时，说："这下你或许会认为我缩了回去——可我没有。"威瑟林顿认为，这说明读者不仅在鼓励叙述者讲述凶杀故事，而且在怂恿谋杀者。威瑟林顿显然太把叙述者的话当真（"我"在用自己的病态心理来推断"你"的心理），且未区分作品内的受述者和作品外的读者。叙事学十分关注读者与受述者"你"之间的反讽性距离，威瑟林顿则将两者完全等同，低估了文本外读者的判断能力。在他眼里，结尾处读者才从"我"的立场转到了警察的立场上，而"我"喊出来的"恶棍！"不仅是对警察的"虚伪"的谴责，而且也是对读者不健康阅读心理的痛斥（Witherington, 1985: 472-474）。这显然扭曲了作品的情节走向，将道德谴责的矛头从罪犯转向警察和读者。（4）未对作品的叙事结构加以全面仔细的考察，若关注作品的道德意义，也仅仅从表面看到"罪恶的报应是死亡"（Moldenhauer, 1968: 285），或仅仅看到"我"非要杀人的强迫症给读者带来的道德反感（Witherington, 1985: 471）[17]。有的学者将老头儿看成"我"的另一自我，认为人的内心善与恶并存，老头儿的"秃鹰眼"引发了"我"的非理性的恐惧，激活了内心的阴暗面，最终导致谋杀。从这一角度，死去老头儿的心跳被理解为"我"自己的良心发现（Womack, 2002; Quinn, 1969: 394-395）[18]。然而，作品中的"我"直至最后也毫无忏悔之意。这些学者没有关注坡的表达方式，而仅聚焦于故事的（表层）内容，所以看不到坡围绕至关重要的结局建构的"效果统一"的戏剧性反讽。（5）未对作品的整体结构加以仔细考察，仅仅关注作品的恐怖/恐惧效果（Quinn, 1969: 394; 张萌，王谦，2007）[19]，忽略"不可靠叙述"和相关道德教训。其实，若仔细考察作品，不难发现恐惧效果本身与道德教训也密不可分。在谋杀过程中，"我"让老头儿遭受紧张恐惧之苦，而"我"自己也

---

17 请比较 Pritchard（2003: 144-147）对此处的理解。

18 请比较 Dayan（1987: 143-144）对此处的理解。

19 有的学者将研究聚焦于恐怖效果，把《泄密的心》与坡的《陷坑与钟摆》相提并论，认为两者都属于"恐怖研究"（Quinn, 1969: 394）。这样的类比也容易遮掩《泄密的心》中的道德教训——《陷坑与钟摆》中的"我"受到宗教法庭的残酷迫害，依靠自己的机智幸免于难，并最终获得正义一方的拯救。

深受其害，譬如"随后我听见了一声轻轻的呻吟，而我知道那是极度恐惧时的呻吟……我熟悉这种声音。多少个夜晚，当更深人静，当整个世界悄然无声，它总是从我自己的心底涌起，以它可怕的回响加深那使我发狂的恐惧。"在描述自己的恐惧时，"我"采用了现在完成时，这包括他被关入死牢后的恐惧。"我"惊醒老头儿后，他紧张恐惧地坐起来倾听，"我"也同此："就跟我每天夜里倾听墙缝里报死虫的声音一样。""报死虫"暗示着死牢里的"我"深受末日临头之紧张恐惧的折磨。尤其值得注意的是，结尾处的"我"因为杀人灭迹之大罪而遭到最为严重的恐惧的折磨：老头儿的心跳成为复仇的象征，而杀人的"我"遭其追击，导致他不堪忍受警察的所谓"虚伪"而自我暴露，受到法律严惩。

4. "修辞"与"认知"之分和对认知派研究的补充

"不可靠叙述"这一貌似简单清晰的概念，在西方学界引起了不少争论，出现了两种互为对照的研究方法：修辞方法和认知（建构）方法（申丹，2006；Shen, Xu, 2007）。修辞方法由韦恩·布思（Booth, 1983）在《小说修辞学》中创立，其衡量"不可靠叙述"的标准是作品的规范或"隐含作者"的规范（即文本隐含的作者立场）。倘若叙述者与这种规范保持一致，那就是可靠的；若不一致，则是不可靠的。诚然，读者只能推断"隐含作者"的规范。由于修辞批评家力求达到较为理想的阐释境界，因此他们会尽量排除干扰，以便把握"隐含作者"的规范，做出较为合理的阐释。修辞方法当今的主要代表人物是詹姆斯·费伦，他区分了六种"不可靠叙述"的亚类型：事实/事件轴上的"错误报道"和"不充分报道"；价值/判断轴上的"错误判断"和"不充分判断"；知识/感知轴上的"错误解读"和"不充分解读"（Phelan, 2005：49-53）。从修辞的角度来看，《泄密的心》中，"我"对警察反应的叙述同时涉及"错误解读"和"错误报道"；他对自己的虚伪和残忍自鸣得意的描述，则涉及价值轴上的"错误判断"。

认知（建构）方法是以修辞方法之挑战者的面貌出现的，旨在取代修辞方法。这一方法的创始人是塔玛·雅克比，她将注意力转向读者，将不可靠性界定为一种"阅读假设"，当遇到文本中的问题（包括难以解释的细节或自相矛盾之处）时，读者会采用某种"阅读假设"来加以解决（Yacobi, 2005：108-123）。另一位颇有影响的认知（建构）方法的代表人物是A.F.纽宁，他受雅克比的影响，聚焦于读者的阐释策略，用读者的规范替代或置换了"隐含作者"的规范或文本的规范（Nünning, 2005：95）。在探讨读者规范时，A.F.纽宁认为在当今多元化、后现代主义的时期，要判断什么是道德规范标准，比以往更为困难。由于读者的标准不尽相同，因此按照一个读者的道德观念衡量出来的可靠的叙述者，可能在另一些人眼里是相当不可靠的，反之亦然。他举了这样一些例子，如一个鸡奸者不会觉得纳博科夫的《洛丽塔》里对幼女进行性侵的叙述者有何不可靠，或一个以为与服装人体模特也可以做爱的大男子主义恋物者也可能不会看出他的规范与麦克尤万《他们到了死了》里的疯子独白者之间有何距离（Nünning, 2005：97）。与此相似，对《泄密的心》来说，一个本质虚伪并为之自鸣得意的读者不会觉得"我"的叙述在价值判断轴上不可靠；对一个性格残忍的读者而言，"我"对冷血谋杀的看法也不会显得有何不妥。不难看出，若以读者为标准，就有可能会模糊、遮蔽、甚或颠倒作者或作品的规范。但认知方法确实有其长处，可揭示出不同读者的不同立场或"阅读假设"，说明为何对同样的文本现象会产生大相径庭的阐释。

在西方学界，20世纪下半叶以来，将各种（尤其是时髦的）理论框架往文本上套的现象十分严重。而从认知（建构）角度切入研究的学者，基本未关注这种现象对解读"不可靠叙述"造成的认知影响，留下了一种有待填补的空缺。就《泄密的心》而言，即便批评家具有同样的道德规范标准，在特定理论框架的作用下，也容易忽略或误解作品中的"不可靠叙述"和相关道德教训。爱德华·皮彻从观相学的三分法切入《泄密的心》，将"眼睛"视为理智的象征，"心脏"视为道德感的象征，"下体"则为人的动物性的象征。他不仅从这一角度解读"我"的谋杀和反应，而且用观相学的三分法来解读为何"我"将尸体肢解，分为三部分埋起来，以及为何来了三位警察。在皮彻看来，这三位警察作为维护公共秩序的一个整体，"刺激了叙述者的道德感（心脏），导致他坦白交代"（Pitcher，1979：231-233）。一心专注于观相学的皮彻完全忽略了叙述者的虚伪和因此遭受的报应。

由于《泄密的心》突出了主人公的病态心理，很多当代批评家从各种精神分析的角度切入这一作品。约翰·卡纳里欧从梦幻的角度切入，将整个作品阐释为一个精神病人述说的关于死亡的噩梦。在"我"的梦中，老头儿是"另一个自我"，是必死性的象征，也是"我"的身体的象征，而"我"则是那一身体的头脑和意志。"我"杀死老头儿是因为死亡恐惧，旨在通过毁灭自己的身体来逃避死亡（Canario，1970）[20]。这种精神分析完全排斥了道德考虑。杰拉尔德·肯尼迪从强迫冲动的角度切入，认为"我"想要显示自己高超智力的强迫冲动导致暗地里杀人，而蕴含于其中的想得到公众承认的另一走向的冲动则导致"我"公开自己的"行为"，哪怕自我毁灭也在所不惜（Kennedy，1987：132）。这样一来，罪犯与法律的冲突被解释成人物内心强迫冲动的矛盾走向。也有学者将警察理解为叙述者本人的"超我"，将故事的情节冲突理解为"我"内心的强迫冲动和反强迫冲动之间的博弈（Davidson，1966：189-190）。罗伯特·戴维斯聚焦于凝视与被凝视的关系，得出了这样的结论："（叙述者）想实际上控制自己在什么时间被别人观望……他对于被查看的抗拒说明了一种欲望，即要绝对地逃避征服，在活着的时候宁愿死也不甘心变为被动……（故事的结尾处）希望不被查看的讲故事人，观淫癖患者，以一种裸露狂的方式暴露着自己"（戴维斯：1991：242-246）。这种阐释角度也遮蔽了叙述者对于虚伪的双重道德标准和"恶有恶报"的道德教训。吉塔·拉扬将精神分析与女性主义相结合，切入对《泄密的心》的分析（Rajan，1988）。她把弗洛伊德、拉康和西苏的理论框架分别往作品上套。她提出"我"有可能是女性，因为作品未明确说明"我"的性别。在她的拉康框架下的女性主义精神分析解读中，女叙述者"我"遭到老头儿父亲式监视的骚扰和客体化，感到屈辱和愤懑，因此设法通过谋杀来倒转凝视的方向（Rajan，1988：295）。然而，英文中有

---

20 请比较从"妄想型精神分裂症"角度切入的Brett Zimmerman
（1992）。

"madman"（男疯子）和"madwoman"（女疯子）之分，而"我"一再声明自己不是"madman"。为了自圆其说，拉扬又提出女叙述者感到需要在身体上占有老头儿，在发生于老头儿卧室的谋杀场景中，"甚至采取了一种男性的性立场，强迫老头儿接受她，几乎把老头儿强奸"（Rajan, 1988：295）。而作品是这样描述的："那老头儿的死期终于到了！随着一声呐喊，我亮开提灯并冲进了房间。他尖叫了一声——只叫了一声。转眼间我已把他拖下床来，而且把那沉重的床推倒压在他身上。眼见大功告成，我不禁喜笑颜开。"这显然与强奸无关。至于"我"跟警察的关系，拉扬是这么解读的：女叙述者新获得的力量和权威使她更易受到伤害，更是成为他人愿望的客体。她只能以女性的传统姿势站在警察面前，被动屈从，遭到男性凝视。拉扬由此得出的结论是，如果女性敢于打破传统行为秩序，就会遭到父权制道德的谴责，男性的压迫，父权法律的严惩（Rajan, 1988：295-297）。不知身为非女性主义作者的坡看到当今的批评家如此牵强附会地扭曲其作品，会有何感想。

表面上看，此处探讨的读者认知与雅克比等探讨的是一回事，但实际上有本质差异。雅克比讨论的是，当遇到文本中的问题（包括难以解释的细节或自相矛盾之处）时，读者会采用某种"阅读假设"来加以解决。而此处关注的则是：批评家先入为主，以某种理论框架的思维定式来看作品。若文本事实与阐释框架发生了冲突，则会想方设法把文本往特定的理论框架中硬拉。也就是说，解读的目的不是发现作品的立场，而是让作品顺应特定批评方法的立场。

20世纪80年代以来，很多西方学者将注意力转向了文本与社会历史语境的关联。语境因素应该只是为阐释提供参考，但在西方学界一味强调语境的情况下，语境因素有时也构成先入为主的阐释框架，被批评家往作品上硬套。约翰·克莱门（Cleman, 1991）探讨在坡创作的时期，"精神病抗辩"（insanity defense）与《泄密的心》这样的犯罪小说的关系。在分析作品时，克莱门聚焦于清醒/不清醒、有自控力/无自控力、神智健全/神智（部分）错乱等判断精神病的二元对立，忽略了叙述者的虚伪和相关道德教训。尤其令人遗憾的是，"精神病抗辩"是在法庭审判时以患有精神病为由来解脱罪责，而《泄密的心》中的"我"却一直在声称自己没有疯，克莱门将"精神病抗辩"的史料往作品上硬套导致了论述中的自相矛盾和牵强附会。这里可吸取的教训是：不能只看历史资料和文本现象的某些表面联系（譬如，均涉及精神病，均涉及犯罪），而要认真考察作者的创作究竟与历史因素有何关联。佩奇·拜纳姆（Bynum，1988）关注坡创作时代的一个相关问题"道德错乱"（moral insanity）。他先介绍了拉什对"道德错乱"的奠基性探讨：神智正常，但道德感"临时"出了问题，因此在理智能够加以"批判"之前，会犯下罪行。接着介绍了普里查德对这一问题的论述：神智基本正常，但"情感、脾气或习惯"则出现了错乱，因此失去自控能力，行为不妥，有失体面。根据拜纳姆的考证，当时不少心理咨询师和法官都反对以道德错乱为由为犯罪嫌疑人开脱罪责，一些有声望的精神病院的管理者都否认存在道德上的精神错乱，公众舆论也倾向于认为精神病抗辩是一种欺骗。然而，拜纳姆自己却把"道德错乱"往《泄密的心》上硬套，仅仅想证明"我"属于道德错乱的精神病人，坡旨在再现道德错乱的生活原型。这种阐释有违作品的实际走向。对道德错乱的看法以打破对精神病的传统看法为前提，后者认为神智失常才是精神病。而坡自始至终都把作品明确置于传统框架之中："我"和"你"仅仅关注神智本身是否健全，仿佛根本不存在"道德错乱"这一问题，这有可能是在为否认存在"道德错乱"的那一派提供支持。

就"精神病"而言，若仔细考察这一作品，会发现坡创作的两个相反走向。坡出于戏剧性的考虑，引入一些典型的精神病因素，如摆脱不了某一念头、听觉过于灵敏和惧怕理智正常之人的眼睛等（Bynum，1988：276）[21]，并对这些特点加以艺术夸大，来制造或增强怪诞、恐怖的效果。与此同时，他从两方面对叙事加以特定建构，阻止读者用"精神错乱"或"道德错乱"来为"我"开脱罪责：（1）"我"一直强调自己没有疯，这与现实中的"精神病抗辩"形成了一种对立和反讽的关系。与此相关联，传统框架中的精神病是

---

21 此外，正如很多批评家所指出的，坡有可能还利用了自古以来不少国家都存在的对于"evil eye"的迷信恐惧，来加强作品的戏剧性。

神智失常（不知自己在做什么），而"我"能神智健全地讲述故事，能有目的、有计划地实施谋杀。在此基础上，坡突出了"我"自鸣得意的虚伪这一道德缺陷，并让其因此遭受报应。（2）与"道德错乱"的人相对照，"我"既非"临时"道德感出了问题（一直毫无"批判"或忏悔之意），也非简单地失去自控能力，行为有失体面。坡通过肢解尸体的场景，突出了"我"性格的残忍：

> 首先我是把尸体肢解。我一一砍下了脑袋、胳膊和腿。接着我撬开卧室地板上的三块木板，把肢解开的尸体全塞进木缝之间。然后我是那么精明又那么狡猾地把木板重新放好，以至于任何人的眼睛——包括他那只眼睛——都看不出丝毫破绽。房间也用不着打扫洗刷——没有任何污点——没有任何血迹。对这一点我考虑得非常周到。一个澡盆就盛了一切——哈！——哈！

根据拜纳姆的考证，当时有些法官认为"道德错乱是极其严重的道德堕落，不仅完全需要承担法律责任，而且它正是法律责任特别要制止的"（Bynum, 1988：275）。很可能持类似的看法，无论"我"是否属于道德错乱，作品至关重要的结局传递了一个确切的信息：像"我"这样道德堕落的人，应该遭到报应，受到法律的严惩。

5. 不同"隐含"立场对修辞派标准的挑战

值得注意的是，坡的不同作品隐含着不同的道德立场。在坡的眼中，主人公谋杀过程中的伪装和残忍并非总是一种道德缺陷。让我们将《泄密的心》与《一桶阿蒙蒂拉多白葡萄酒》（以下简称《一桶酒》）以及《跳蛙》做比较。三篇作品都聚焦于主人公的谋杀。但前一篇和后两篇有以下本质区别：（1）前者的谋杀缺乏正当理由（"没法说清当初那个[要杀人的]念头是怎样钻进我脑子的……他从不曾伤害过我。他从不曾侮辱过我"），而后两篇的谋杀都是在遭受侮辱后进行报复；（2）前一篇中的杀人者遭到报应，受到法律严惩，但后两篇中的杀人者则逍遥法外。我们不妨先看看《一桶酒》的开头和结尾[22]：

> ［开头］福图纳托百般伤害我，我都竭力忍了。但当他居然胆敢侮辱我时，我发誓要进行报复。你熟知我的秉性，应该不会以为我只是在说一说吓唬人吧。我迟早是要报复的；这一点确定无疑——但正因为确实下了决心，所以不会冒险。我不单要惩罚他，还得保全我自己。报仇之人反遭到惩罚，那仇等于没报；雪耻之人没能让干了坏事的人感到谁在雪耻，那耻也等于没雪。

> ［最后一段］依旧没有（听到福图纳托的）回答。我通过还没封上石块的小墙洞，扔了一个火把进去。里面只传来丁零当啷的铃声。我一阵恶心——那是墓穴里的潮湿所致。我赶紧完工，把最后那块石头塞好，抹上砂浆。然后靠着这堵新墙，把尸骨重新垒好。半个世纪了，没有活人打扰过他们。愿他安息吧！

"我"和福图纳托是反目成仇的朋友，整篇作品都围绕"我"的复仇展开。"我"采用种种计谋，利用福图纳托的虚荣心，将他骗至自家地窖的墓穴里，将他活埋，自己却一直逍遥法外。半个世纪后，"我"向"你"讲述了这一复仇过程。"我"的叙述也是不可靠的，譬如，自己把家里的仆人都打发走之后去找仇敌，却说是在路上与仇敌"偶遇"；明明是自己要把仇敌弄至地窖，却

---

22 译文参考《美国小说》（洪增流，2003）中的译文。

说是"我让他拉着我"去。就虚伪而言，与《泄密的心》中的"我"相比，这里的"我"是有过之而无不及，明确声称对福图纳托是"笑里藏刀"，在想方设法把后者往地窖深处引时，却假惺惺地一再劝他要以健康为重往后退，用狡诈阴险的"激将法"来达到目的。此处"我"的杀人方式也更为残忍。然而，在这一虚构世界里，读者看到的是"我"的成功复仇，"我"的虚伪和谋杀都未遭到报应。该作品发表于1846年11月，当年夏天，《镜子》期刊主编福勒在编者按中对坡加以侮辱性攻击。与此同时，坡与他反目成仇的朋友英格利希展开笔战，后者对坡大肆侮辱谩骂。坡向法庭控告诽谤，法庭判坡获得名誉损害赔偿（Quinn，1969：501-506）。在这一过程中，坡表现出较强的报复心理，不仅自己反击，还动员一些朋友帮他反击。有学者考证，英格利希是福图纳托的生活原型（Demond，1954：137-146；Reynolds，1993：93），坡是在通过作品发泄对生活中仇敌的痛恨。

然而，有批评家认为这一作品表达了道德教训，主要有以下三种理由。一种理由是：我是对"你/您"（you）发话，像是对神父的忏悔，且"我"是50年后进行忏悔，说明"我"一直良心不安（Thompson，1973：13-14）。然而，看看开头第一段就知道，这并不是忏悔，而是对复仇自鸣得意的叙述。较长的时间跨度说明了"我"的成功（一直逍遥法外）。值得注意的是，这是第一人称叙述，通过引入"你"，能更自然地给"我"提供炫耀自己复仇的机会，且"你"仅在开头出现了一次，说明这可能仅为一个结构设置。另一种理由是：结尾段中"我一阵恶心"（I grew sick），说明其一直良心不安（Gargano，1963：180）。然而，如上所引，后面紧跟着"那是墓穴里的潮湿所致"，说明"我"直至叙述之时，仍无忏悔之意（May，1991：81；Baraban，2004：49）。还有一种理由是：坡像对《泄密的心》的"我"一样，对《一桶酒》的"我"持反讽态度。"我"的残忍谋杀剥夺了自己的人性，他在行凶作恶时的伪装说明他的疯狂（Gargano，1963：180）。"作者以冷峻的坡式讽喻表达，淋漓尽致地描写了一个虚伪卑劣、表里不一，为达目的无所不用其极的无耻小人"（李慧明，2006：153-154）。然而，若仔细考察作品的整体叙事结构，则会发现与《泄密的心》相对照，坡没有对《一桶酒》中"我"的谋杀、虚伪和"不可靠叙述"

加以反讽，而是暗暗表示赞赏。作品通过"我"与仇敌的对话，引出了"我"的家族格言"犯我者必受罚"（Nemo me impune lacessit）。这也是苏格兰流传已久的格言，刻在代表苏格兰最高荣誉的蓟花勋章和一英镑的硬币上。坡的父亲有苏格兰血统，养父在苏格兰出生长大。值得注意的是，"犯我者必受罚"是以拉丁语的形式出现的，全文另一处拉丁语是最后的"愿他安息吧！"（In pace requiescat!）[23]。两者互为呼应，似乎在暗示：犯我者，就该死。具有反讽意味的是，在警察纪念日，"犯我者必受罚"是裹在警徽上的黑纱箍上的格言。根据法律，受罚程度应与犯罪程度相对应，侮辱诽谤不应危及性命，传统道德也尊重人的生命。但在坡的这一虚构世界里，谁侮辱了"我"就可以杀死谁，而杀人者可逃避法律制裁。可以说，坡将自己的复仇原则凌驾于法律和人性之上。由于作者立场的改变，这一作品中"我"的狡诈虚伪和残酷谋杀不再是道德谴责的对象，而成了作者眼中实现正义的正面手段。

上文提到，在探讨"不可靠叙述"时，有修辞派与认知派之分。如果在《一桶酒》中，坡本身的道德观与公众认可的道德观相背离，那就对修辞派提出了严峻挑战。修辞派衡量"不可靠叙述"的标准是"隐含作者"的规范，如果叙述者的规范与之相符，那就是可靠的，不符则是不可靠的。从理论上讲，"隐含作者"是以文本为依据推导出来的作者形象（申丹，2008），但实际上，修辞批评家一般都先入为主，把"隐含作者"理想化，将之视为正确道德规范的代表[24]。著名修辞批评家詹姆斯·费伦对《一桶酒》中的"我"评论道："认为侮辱不仅比伤害更恶劣，而且应该如此加以报复，这揭示出一种具有严重缺陷的道德观，这种道德观将个人自尊凌驾于他人的生命之上……在此之前（在'我一阵恶心'出现之前），坡笔下的叙述者是一个不可靠的价值判断者，因为他冷酷无情……就他的所作所为和行为方式而言，他依然是丑恶残暴的，但他

---

23 该短语紧跟着"没有活人打扰过他们"，暗指将来也不会打扰，"我"永远会逍遥法外，带有一种胜利者的反讽口吻。

24 修辞批评家认为作者在创作时会进入一种较为理想的状态，因此"隐含作者"通常都大大超越了日常生活中有血有肉的作者（Booth, 2005）。

的一阵恶心却赋予了他人性"（Phelan，2007：213-214）。的确，"我"的一阵恶心赋予了他人性，我们不妨比较一下《泄密的心》中"我"的反应："眼见大功告成（把老头儿杀死了），我不禁喜笑颜开……我一一砍下了脑袋、胳膊和腿……一个澡盆就盛了一切——哈！——哈！"这里的"我"毫无人性，以杀人分尸为乐，与《一桶酒》中具有人性的"我"形成鲜明对照。然而，在《一桶酒》中，后面紧跟着"——那是墓穴里的潮湿所致。我赶紧完工，把最后那块石头塞好……"。坡显然不让"我"的人性妨碍复仇，闪现的"人性"迅即被复仇的任务所压制。

在阐释第一人称叙述的文本时，读者只能通过叙述者自己的话语来推断"隐含作者"的规范。像其他修辞批评家一样，费伦推断的基础是"隐含作者"代表了正确的道德观。就很多作品而言，这样的先入为主不会造成问题。但在"隐含作者"的规范与正确道德观相背离时，这样的先入为主则会形成阐释障碍。后一种情况也直接挑战了修辞派的衡量标准。如果《一桶酒》的叙述者与"隐含作者"的立场一致，那么无论他多么"冷酷无情"，根据修辞派的标准，他也是可靠的价值判断者，而费伦这样的读者则会因为跟"隐含作者"立场不一致，而成为不可靠的价值判断者。这显然是站不住的。由于"隐含作者"的立场有可能违背正确的道德观，我们必须把衡量标准从"隐含作者"的道德立场改为社会道德规范。诚然，社会道德观也是不断变化的，但有的具有普遍人性的道德观（如正直善良，尊重生命）则会有一定的稳定性。

笔者认为，要较好地了解某一作品的道德立场，需要注重互文解读。将《一桶酒》与《泄密的心》相比较，可较为清楚地看到两部作品在对待虚伪、残忍、谋杀上所"隐含"的不同作者立场。如果加上与《跳蛙》的比较，就能看得更为清楚。"跳蛙"是从他国掠来的又跛又矮的宫廷小丑，暴虐的国王强迫他喝酒，他忍受了伤害。当国王进一步逼迫他喝酒时，他心爱的矮子女友（从同一国掠来的宫廷小丑）来为他求情，国王却粗暴地把她猛推到一边，把酒泼到了她的脸上。跳蛙和女友对这一侮辱进行了报复。当时宫廷马上要举行化装舞会，国王要跳蛙为他设计装扮，跳蛙设下圈套，利用国王的虚荣心，把国王和他的七个顾问装扮成用铁链捆起来的吓人的猩猩，与女友联手设法将他们吊到半空中，活活烧成焦炭，然后逃回了自己的遥远的不知名的国度。《跳蛙》跟《一桶酒》具有同样的深层情节结构：

> X 侮辱了 Y，复仇的 Y 利用 X 的虚荣心，巧用计谋让 X 心甘情愿地往圈套里钻，X 被 Y 成功谋杀，Y 则一直逍遥法外。

两部作品有着惊人的相似：复仇之人都能忍受伤害，但不能忍受侮辱；复仇之人都善于伪装，善于用计；报仇的手段都十分残忍；在杀人之前都让仇人明白是谁在雪耻；雪耻之后都成功逃避惩罚。此外，两部作品的故事背景都是欧洲大陆，涉及狂欢节或化装舞会；被杀者都被铁链捆绑；被杀者都喜爱"实际"玩笑：福图纳托在被活埋时，还以为"我"在跟他开一个"很好的玩笑"，供国王逗笑的跳蛙则称其杀人雪耻是"我最后的玩笑"等。《跳蛙》创作于1849年2月，当时坡对英格利希的仇恨加深，报复心有增无减，在1848年写了一篇更为轻蔑英格利希的文章（Quinn，1969：505-506，594-595）。也许《一桶酒》发表后马上引起了阐释分歧，在《跳蛙》中，坡不再给歧义留下多少空间。叙述者改为了旁观者，因此不会被理解为"忏悔"，主人公未感到"恶心"，因此不会被理解为一直良心不安。在国王等人被烧成焦炭之时，跳蛙自己爬至安全地带，向参加化装舞会的人宣告，这样做是为了给一个受侮辱的"无助的"女孩报仇。《一桶酒》中是朋友杀朋友，这容易引起读者的反感，《跳蛙》改成了弱小者杀暴君，受辱者也成了无助的女孩。从坡给朋友的求助信中可以看到，他因患病等原因产生了深深的自怜，认为自己在遭到攻击时，处于弱势，"完全无法捍卫自己"（Quinn，1969：502-503；Demond，1954：146）。坡似乎在通过弱者和无助者的成功复仇，来为自己雪心头之恨。

中外学界都倾向于对作者的道德观形成较为固定的看法。而由于种种原因，作者在创作不同作品时可能会采取大相径庭的立场，或遵循或违背社会道德规范。若要较好地把握某一作品隐含的特定作者立场，需要在打破阐释定见的基础上，对作品进行"整体细读"：既对作品的叙事结构和遣词造句加以全面仔细的考察，又将内在批评和外在批评有机结合，对作者的创作语境加以充分考虑，[25]同时进行互文解读，通过对照比较来更好地从整体上把握作品。此外，我们还可以通过作品分析，发现相关理论在关注面上的遗漏和衡量标准上的偏误，从而对之做出相应的补充和修正。

---

25 但要以尊重文本为前提，避免被语境因素所左右。有学者从爱伦·坡的身世入手，认为坡在《泄密的心》中通过精心策划和实施的谋杀，来宣泄他本人对社会、对养父、对命运的愤懑；或认为这种描写反映出坡的病态心理，认为他自己一颗近乎扭曲的心在对人性中最丑陋、隐秘、阴暗和残忍的一面的描述中找到了平衡点，得到了至高的快乐（刘晓玲，2006；林琳，2003）。这样的阐释不仅与《泄密的心》中"恶有恶报"的情节走向相冲突，而且也有违作品中这样的描写："我爱那个老人。他从不曾伤害过我。他从不曾侮辱过我。"

参考文献

- 陈器文. 蔑视人间一怪杰[M]// 爱伦坡. 爱伦坡的诡异王国. 朱璞瑄，译. 北京：中国对外翻译出版公司，2000.

- 戴维斯. 拉康、坡与叙事抑制[M]// 王逢振. 最新西方文论选. 桂林：漓江出版社，1991: 242-246.

- 洪增流. 美国小说[M]. 合肥：安徽教育出版社，2003.

- 奎恩. 爱伦·坡集：诗歌与故事：上册[M]. 曹明伦，译. 北京：生活·读书·新知三联书店，1995.

- 李慧明. 爱伦·坡人性主题创作的问题意识探讨[J]. 学术论坛，2006(5): 152-155.

- 林琳. 浅谈爱伦坡作品中的恐怖描写及其创作目的[J]. 长春大学学报，2003(1): 87-88, 92.

- 刘晓玲. 爱伦·坡恐怖小说创作的原因[J]. 泉州师范学院学报（社会科学版），2006(5): 131-135.

- 申丹. 何为"不可靠叙述"？[J]. 外国文学评论，2006(4): 133-143.

- 申丹. 何为"隐含作者"？[J]. 北京大学学报（哲学社会科学版），2008(2): 136-145.

- 张萌，王谦. 形式与内容的完美统一——从文体学角度评爱伦·坡《泄密的心》[J]. 汉字文化，2007(1): 92-94.

- BARABAN E V. The motive for murder in *The Cask of Amondillado* by Edgar Allan Poe[J]. Rocky mountain review of language and literature, 2004, 58(2): 47-62.

- BOOTH W C. The rhetoric of fiction[M]. 2nd ed. Harmondsworth: Penguin Books, 1983.

- BOOTH W C. Resurrection of the implied author: why bother?[M]// PHELAN J, RABINOWITZ P. A companion to narrative theory. Oxford: Blackwell, 2005: 75-88.

- BURANELLI V. Edgar Allan Poe[M]. New Haven: College and University Press, 1961.

- BYNUM P M. *Observe How Healthily—How Calmly I Can Tell You the Whole Story*: moral insanity and Edgar Allan Poe's *The Tell-Tale Heart*[M]// Short story criticism: Vol. 34. Detroit: Gale Research, 1988: 273-278.

- CANARIO J W. The dream in *The Tell-Tale Heart*[J]. English language notes, 1970, 7(3): 194-197.

- CLEMAN J. Irresistible impulses: Edgar Allan Poe and the insanity defense[J]. American literature, 1991, 63(4): 623-640.

- DAVIDSON E H. Poe: a critical study[M]. Cambridge: Harvard University Press, 1966.

- DAYAN J. Fables of mind[M]. New York: Oxford University Press, 1987.

- DEMOND F P. *The Cask of Amontillado* and the war of the literati[J].

Modern language quarterly, 1954, 15(2): 137-146.

- FREEMAN W. The porous sanctuary: art and anxiety in Poe's short fiction[M]. New York: Peter Lang, 2002.

- GARGANO J W. The question of Poe's narrators[J]. College English, 1963, 25(3): 177-181.

- HOFFMAN D. Grotesques and arabesques[M]// HOFFMAN D. Poe Poe Poe Poe Poe Poe Poe. Garden City: Doubleday, 1972: 201-228.

- KENNEDY J G. Poe, death, and the life of writing[M]. New Haven: Yale University Press, 1987.

- MAY C. Edgar Allan Poe: a study of the short fiction[M]. Boston: Twayne, 1991.

- MOLDENHAUER J J. Murder as a fine art: basic connections between Poe's aesthetics, psychology, and moral vision[J]. PMLA, 1968, 83(2): 284-297.

- NÜNNING A F. Reconceptualizing unreliable narration: synthesizing cognitive and rhetorical approaches[M]// PHELAN J, RABINOWITZ P J. A companion to narrative theory. Oxford: Blackwell, 2005: 89-107.

- PHELAN J. Living to tell about it[M]. Ithaca: Cornell University Press, 2005.

- PHELAN J. Rhetoric/ethics[M]// HERMAN D. The Cambridge companion to narrative. Cambridge: Cambridge University Press, 2007: 203-216.

- PITCHER E W. The physiognomical meaning of Poe's *The Tell-Tale Heart*[J]. Studies in short fiction, 1979, 16(3): 231-233.

- POE E A. Review of Hawthorne—twice-told tales[J]. Graham's magazine, 1842(5): 298-300;

- POE E A. The poetic principle[M]// The works of Edgar Allan Poe: Vol. 4. London: Chesterfield Society, 1909a: 1-27.

- POE E A. Nathaniel Hawthorne[M]// The works of Edgar Allan Poe: Vol. 5. London: Chesterfield Society, 1909b: 285-303.

- POE E A. The philosophy of composition[M]// The works of Edgar Allan Poe: Vol. 5. London: Chesterfield Society, 1909c: 1-16.

- PRITCHARD H. Poe's *The Tell-Tale Heart*[J]. The explicator, 2003, 61(3): 144-147.

- QUINN A H. Edgar Allan Poe: a critical biography[M]. New York: Cooper Square Publishers, 1969.

- RAJAN G. A feminist rereading of Poe's *The Tell-Tale Heart*[J]. Papers on language and literature, 1988, 24(3): 283-300.

- REYNOLDS D S. Poe's art of transformation: *The Cask of Amontillado*[M]// SILVERMAN K. Its cultural context, new essays on Poe's major tales. New York: Cambridge University Press, 1993.

- ROBINSON E A. Poe's *The Tell-Tale Heart*[J]. Nineteenth-century fiction, 1965, 19(4): 369-378.

- SHELDEN P J. *True Originality*: Poe's manipulation of the gothic tradition[J]. American transcendental quarterly, 1976, 29(1): 75-80.

- SHEN D, XU D J. Intratextuality, intertextuality, and extratextuality: unreliability in autobiography versus fiction[J]. Poetics today, 2007, 28(1): 43-88.

- SILVERMAN K. Edgar A. Poe: mournful and never-ending remembrance[M]. New York: Harper Collins Publishers, 1991.

- THOMPSON G R. Poe's fiction[M]. Madison: University of Wisconsin Press, 1973.

- WHITLEY J S. Introduction[M]// POE E A. Tales of mystery and imagination. Hertfordshire: Wordsworth Editions Limited, 2000.

- WILSON K, LAZZARI M. Short stories for students: Vol. 4[M]. Detroit: Gale Research, 1998.

- WITHERINGTON P. The accomplice in *The Tell-Tale Heart*[J]. Studies in short fiction, 1985, 22(4): 472-474.

- WOMACK M. Theme[Z/OL]// WOMACK M. Edgar Allan Poe's *The Tell-Tale Heart*. [2002-6-12]. http://www.poedecoder.com/essays/ttheart/.

- YACOBI T. Authorial rhetoric, narratorial (un)reliability, divergent readings: Tolstoy's Kreutzer Sonata[M]// PHELAN J, RABINOWITZ P J. A companion to narrative theory. Oxford: Blackwell, 2005: 108-123.

- ZIMMERMAN B. *Moral Insanity* or paranoid schizophrenia: Poe's *The Tell-Tale Heart*[J]. Mosaic, 1992: 25(2): 39-48.

- ZIMMERMAN B. Frantic forensic oratory, Poe's *The Tell-Tale Heart*[J]. Style, 2001, 35(1): 34-49.

四 何为叙事的"隐性进程"？
如何发现这股叙事暗流？[26]

20世纪80年代以来，越来越多的西方叙事研究者对叙事进程产生了兴趣，进入新世纪以来，叙事进程成了一个更加热门的话题。当前，西方叙事文学界对叙事进程的研究可谓方兴未艾。

美国文评家彼得·布鲁克斯（Peter Brooks）1984年出版了颇具影响的《阅读情节》一书，为近年来西方学界对叙事进程的探索作了重要铺垫。这本书是对20世纪60年代兴起的结构主义叙事学的一种回应。布鲁克斯认为叙事学的分析模式揭示了在传统批评中被忽略的结构关系，给人以较大启迪。但是，叙事学的分析模式过于静态，不利于分析情节运动。他借鉴精神分析的方法，将叙事视为阅读过程中，文本"内部能量、张力、冲动、抗拒和愿望"构成的动态系统（Brooks，1984：xiv），着力于探讨连接叙事头尾和推动中部前行的力量。20世纪80年代末，美国修辞性叙事批评家詹姆斯·费伦（James Phelan）出版了《阅读人物、阅读情节》一书，与布鲁克斯类似，他将叙事视为一种进程，但没有沿着精神分析的轨道走，而是借鉴叙事学关于故事内容和话语表达的区分，将叙事进程的基础界定为故事情节发展中的"不稳定因素"以及表达情节的话语层次的"紧张因素"。费伦在1996，2005和2007又出版了三部独立撰写的专著和一系列论文，从不同角度探讨叙事进程。由于费伦是近

---

26 原载《外国文学研究》2013年第5期，293—298页。

20年来西方叙事研究界的领军人物，他对叙事进程的探讨引发了不少学者的跟进。以色列的叙事研究也很出色。以色列叙事理论家梅尔·斯滕伯格（Meir Sternberg）20世纪90年代以来聚焦于叙事进程的研究，发表了一些长篇论文，产生了较大影响。世纪之交，美国叙事学家布赖恩·理查森（Brian Richardson）主编了《叙事动力：论时间、情节、结局和框架》一书，出版后引起了较大反响。英国叙事文体学家迈克尔·图伦（Michael Toolan）在2009年出版的《短篇小说的叙事进程》一书中，采用语料库文体学的方法，对叙事进程展开探讨，分析作品的文字选择如何在阅读过程中引起读者的悬念或让读者感到意外，如何制造神秘感或紧张气氛等。近年来，西方学界对叙事进程产生了越来越大的兴趣，他们的研究丰富和加深了对虚构叙事的探讨，使我们更好地看到文本的运作方式，更好地理解作者、叙述者和读者之间的交流。

　　然而，正如布鲁克斯的《阅读情结》的英文书名 *Reading for the Plot* 中的定冠词"the"和"plot"所显示的，迄今为止，在研究整个文本的叙事运动时，关注对象是以情节中不稳定因素为根基的单一叙事进程。[27]这延续了亚里士多德以来的叙事批评传统。然而，笔者在研究中发现，在不少叙事作品中，存在双重叙事进程，一个是情节运动，也就是批评家们迄今所关注的对象；另一个则隐蔽在情节发展后面，与情节进程呈现出不同甚至相反的走向，在主题意义上与情节发展形成一种补充性或颠覆性的关系。笔者把这种隐蔽的叙事运动称为叙事的"隐性进程"[28]。这种隐性进程不是我们通常所理解的情节本身的深层意义，而是与情节平行的一股叙事暗流。且以凯瑟琳·曼斯菲尔德的《苍蝇》为例，其情节发展可以概括为：退了休也中过风的伍迪菲尔德先生每周二去一趟老板的办公室，拜访这位老朋友。这次，他告诉老板他女儿到比利时给阵亡的儿子上坟时，看到了近处老板阵亡儿子的坟。伍先生走后，老板回忆起

27　诚然，在对文本的局部加以考察时，批评家们时常会关注看上去偏离主要情节的文本成分。

28　笔者探讨情节后面的"隐性进程"的书已由劳特里奇出版社出版（Shen, 2014）。美国杜克大学出版社出版的文学理论期刊《今日诗学》发表了笔者以"隐性进程"为主标题的论文（Shen, 2013）。

儿子的一生和失去儿子的痛苦。他看到一只苍蝇掉到了墨水壶里，挣扎着想爬出来。老板用笔把苍蝇挑出来。当苍蝇正想飞走时，老板改变了主意，反复往苍蝇身上滴墨水，直到苍蝇死去。老板突然感到极为不幸和害怕，也忘了自己刚才在想什么。这一情节发展围绕战争、死亡、悲伤、无助、记忆、施害/受害、苍蝇的象征意义等展开。在这一情节进程的后面，存在一个隐性进程，朝着另外一个方向走，可以概括为：在叙事的开头，看上去对情节发展无关紧要的文本成分交互作用，暗暗聚焦于对老板虚荣心的反讽。随着隐性叙事进程的推进，老板中了风的老朋友、整修一新的办公室、女人、老员工、老板的儿子和苍蝇都暗暗成了反讽老板虚荣自傲的工具，构成一股贯穿全文的道德反讽暗流。

那么，这种隐性的叙事进程跟通常所关注的文本的深层意义究竟有何区别呢？我们不妨通过与现有的批评关注相比较，来说明"隐性进程"的独特性。

首先，让我们看看"隐性进程"与莫蒂默（Mortimer）所说的表层故事之下的"第二故事"（second story）之间的区别。表面上看，莫蒂默所说的"第二故事"（Mortimer，1989：278-283）与本文所说的"隐性进程"十分相似，因为根据莫蒂默的定义，"第二故事"是暗示主题意义的一股叙事暗流，只有看到了这股暗流，才能达到对作品较为全面和正确的理解。而实际上，"第二故事"与"隐性进程"有本质不同。莫蒂默为"第二故事"所举的主要实例来自莫泊桑的《11号房间》。在作品的结尾，阿芒东法官的太太与情人的私通被一位警官发现。这位警官放走了他们，但他"并不谨慎"。次月，阿芒东法官被派往它处高就，并有了新的住所。读者会感到困惑不解：为何阿芒东会被提升？阿芒东本人并不明就里。莫蒂默认为"只有第二故事才能提供正确的答案"。在作品的叙事运动中，第二故事藏在警官的不谨慎和阿芒东的提职和乔迁之间：警官告诉了阿芒东的上司阿太太的婚外情，而上司据此占了阿太太的便宜，欲火旺盛的阿太太让这位上司心满意足，作为对她的奖赏，上司提拔了阿芒东。读者必须推导出第二故事才能理解此处的情节发展——理解太太私情的暴露与丈夫升迁之间的关联。莫蒂默提到的其他的"第二故事"（Mortimer，1989：283-93）也是叙述者没有讲述的一个"秘密"，读者需要推导出这个秘密来获取完整的情节发展。这种"第二故事"与"隐性进程"有以下四个方面的区别。首先，第二故事位于情节中的某个局部位置，而隐性进程则是从头到尾持续展开的叙事运动。其次，构成第二故事的婚外情、谋杀、乱伦等事件是情节发展本身不可或缺的因素，而隐性进程则是与情节并行的另一个叙事运动，在主题意义上往往与情节发展形成对照关系，甚或颠覆关系。再次，第二故事是情节中缺失的一环，读者会感受到这种缺失，从而积极加以寻找。与此相对照，隐性进程是显性情节后面的一股叙事暗流，不影响对情节发展的理解，因此读者阅读时往往容易忽略。此外，作为"秘密"的"第二故事"一旦被揭示出来，就显得索然无味了，而追踪发现"隐性进程"的过程则伴随着审美愉悦感的逐步增强和主题思考的不断深入。

让我们把目光转向玛丽·罗尔伯杰（Mary Rohrberger）所提出来的另外一种深层意义。在《霍桑与现代短篇小说》一书中，罗尔伯杰区分了"简单叙事"（simple narrative）与"短篇小说"（short story），前者的"所有兴趣都处于表层""无深度可以挖掘"，缺乏象征意义（Rohrberger，1966：106）。而后者则有更深一层的意义。罗尔伯杰给出的一个实例是曼斯菲尔德的《苍蝇》，其情节发展富有象征意义，苍蝇是"故事中所有人物的象征"（Rohrberger，1966：71）。表面上看，罗尔伯杰所探讨的这种深层意义跟"隐性进程"十分相似，因为这种深层意义不仅丰富了文本的主题表达，而且也使读者的反应更加复杂。但实际上，这种深层意义跟隐性进程相去甚远，因为它涉及的是情节本身究竟是否具有象征意义。而隐性进程则是与情节并行的一种叙事运动。就曼斯菲尔德的《苍蝇》而言，笔者所说的隐性进程是情节后面的一股叙事暗流，它围绕老板的虚荣自傲持续展开道德反讽，与情节的象征意义无关。罗尔伯杰也探讨了埃德加·爱伦·坡的《泄密的心》，她认为这一作品属于简单叙事，其情节成分均围绕谋杀和最后的恐怖效果展开，无暗含意义，因此缺乏价值（Rohrberger，1966：120-21）。与此相对照，笔者认为这个作品很有价值，因为在情节后面，有一个围绕主人公的虚伪和自我谴责展开的隐性进程，构成贯穿全文的微妙戏剧性反讽。

让我们再看看"隐性进程"与马什（Marsh）所说的"隐匿情节"（submerged

plot）有何区别。在美国《叙事》期刊2009年第1期，马什提出了"隐匿情节"
这一概念。她认为奥斯丁的《劝导》中有一个表面情节，围绕安妮与温特沃
思最后重新走到一起展开，另外还有一个隐匿情节，围绕安妮对母亲快感的
追寻展开。表面上看，"隐匿情节"与"隐性进程"十分相似，因为涉及的都
是表面情节背后的一个持续不断的叙事运动，而实际上两者有较大差别。首
先，"隐匿情节"涉及的是像安妮的母亲的性快感这种"不可叙述的事"（the
unnarratable），而"隐性进程"则不然。其次，"隐匿情节"为情节发展本身提
供解释，构成人物在情节中行动的一种动因。由于《劝导》中对于安妮的母亲
着墨不多，以往的批评家在很大程度上忽略了母亲的经历对安妮与温特沃思爱
情故事的影响。正如马什所强调的，只有把握了安妮与其母亲经历之间的关
联，才能较全面地理解她与温特沃思爱情故事的发展。与此相对照，笔者所说
的隐性进程有两种情况，这两种情况都在更大的程度上独立于情节发展。一种
以《苍蝇》为代表，其情节聚焦于战争、死亡、悲伤、无助、记忆、施害/受
害、苍蝇的象征意义等，而其隐性进程则朝着另外一个方向走，围绕对老板虚
荣自傲的反讽展开。在主题意义上，这一隐性进程与情节发展相互独立，基本
不交叉，但两者又互为补充，共同为表达作品的主题意义做出贡献。《泄密的
心》也属于这种情况。另一种情况是，隐性进程对显性情节构成一种颠覆关
系。有的是在一定程度上颠覆，如曼斯菲尔德的《启示》，其显性情节围绕女
主人公的个人性格弱点展开，而其隐性进程则围绕父权制社会对女主人公性格
的扭曲展开。有的则是完全颠覆，如凯特·肖邦的《黛西蕾的婴孩》，其显性
情节是反种族主义的，而其隐性进程则是一股种族主义的暗流，与显性情节的
种族立场完全对立。

　　无论属于补充性质还是颠覆性质，小说中的隐性进程往往具有不同程度的
反讽性。上文提到的《苍蝇》《泄密的心》《启示》中的隐性进程都具有反讽性。
那么隐性进程的反讽与我们通常所说的反讽又有何区别呢？我们知道，通常的
反讽有两种基本类型："言语反讽"和"情景反讽"，前者涉及词语的表面意思
和说话者意在表达的意思之间的不协调（如在雾霾天说"今天空气真好！"），
后者则涉及行为预想的结果和实际结果之间的不协调（如以豪言壮语出征，结

果一败涂地）。还有一种较为常见的反讽是我们所熟悉的"戏剧性反讽"。笔者曾区分了另一种反讽，即"语境决定的反讽"，其特点是：文字与其所旨在表达的意义协调一致，行为本身也不产生反讽性，但这些文字和行为在特定的语境中则具有隐含的反讽性（Shen, 2009：115-130）。这些均为在作品局部出现的反讽，而"隐性进程"的反讽则是作品从头到尾的一股反讽性潜流，且其隐含性也有别于"言语反讽""情景反讽"以及通常"戏剧性反讽"的明显性。

就文学批评传统来说，新批评对反讽十分关注。在《理解小说》这部新批评名著中，布鲁克斯和沃伦一再提到小说中的反讽，但他们在"重要词汇"部分对"反讽"的界定相当传统，仅涉及"言语反讽"和"情景反讽"。在该书正文的分析中，布鲁克斯和沃伦关注的也是情节本身的反讽性。在探讨莫泊桑的《项链》时，他们关注这样的问题：假如女主人公一直不知道首饰是假的，故事还会具有反讽性吗？（Brooks, Warren, 1979：72）。在讨论霍桑的《年轻的布朗大爷》时，他们指出其情节的反讽性立足于人性的双重性（Brooks, Warren, 1979：73）。这是较为典型的传统上对小说中反讽的探讨，聚焦于情节本身，没有涉及情节后面的反讽性叙事暗流。

在修辞性叙事研究中，从韦恩·布思的《小说修辞学》（1961）开始，批评家们十分关注"叙事反讽"或"结构反讽"（Abrams, Harpham, 2009：166）。这种反讽涉及作者、叙述者、人物和读者之间的距离，但一般是对表达情节发展的叙述之不可靠性的反讽，没有涉及情节后面隐性进程中的反讽。笔者发现，在一些叙事文本中，存在"情节进程"和"隐性进程"两个不同层次的反讽，坡的《泄密的心》（1843）就是一个很好的例证。在该作品的情节进程中，我们看到的是对第一人称叙述者不可靠报道的"叙事反讽"或"结构反讽"。但在其背后，还存在隐性进程中藏而不露的戏剧性反讽：第一人称叙述者无意之中进行了自我谴责，文本隐性的叙事运动一直在暗暗朝着这个方向走，在很大程度上加深和拓展了作品的反讽，加大了叙述者与作者/读者之间的距离。因为以往的批评家仅关注情节或情节表达本身的反讽，因此忽略了《泄密的心》中隐性叙事进程的反讽。在有的叙事作品中，情节进程基本不带反讽性，但背后却存在一股贯穿全文的反讽性叙事潜流，曼斯菲尔德的《苍蝇》就属于这一类。

近二三十年来，关注叙事进程的学者一般都较为关注读者的反应。费伦在2007年出版的《体验虚构叙事》一书将叙事进程视为文本动力与读者动力的综合作用（Phelan, 2007）。我们不妨简要探讨一下"隐性进程"如何使读者的反应更加复杂化。笔者已经提及，隐性进程在主题意义上与显性情节形成一种补充性或颠覆性的关系。首先让我们看看颠覆性的隐性进程。肖邦《黛西蕾的婴孩》的显性情节是反种族主义的，而其隐性进程则是维护和美化种族主义的。隐性进程的立场是反对种族主义的读者所难以接受的。当我们逐渐发现作品的隐性进程时，会对作者的真实立场产生越来越强烈的批判和抵制，对文本的各种细节产生迥然相异的反应，也会逐渐改变对人物的看法。曼斯菲尔德《启示》中的隐性进程也是颠覆性的，但隐性进程所表达的主题意义则是我们所赞同的。我们逐渐发现这一隐性进程时，也会对文本的相关细节产生不同的反应：在显性情节中，这些细节在我们眼里体现的是人物本身的弱点，但在隐性进程中，同样的细节体现的则是父权制社会对人物性格的扭曲。看到隐性进程，我们就会对人物产生越来越强烈的同情，也会看到文本的双重反讽，既反讽人物的弱点，又反讽社会力量的压制，而社会因素又是造成人物病态行为的深层原因。

让我们再看看与情节在主题意义上形成互补关系的隐性进程，曼斯菲尔德的《苍蝇》是这一类型的典型例证。就这一种类型而言，我们对隐性进程的阐释一般不会影响我们对显性情节的理解。但由于我们看到的不再是情节发展的单一叙事运动，而是一明一暗的两个并行的叙事运动，各有其特定的主题关怀，因此我们对作品的总体理解会发生变化，会看到两个叙事运动如何从不同的角度，共同表达作品的主题意义。隐性进程会揭示出人物的一个不同层面。看到隐性进程，我们就可以看到更加复杂丰富的人物形象。

为了发现情节发展后面的隐性叙事进程，我们需要注意以下几个方面：

第一，我们需要解放思想，打破批评传统的束缚。长期以来，叙事研究一直围绕情节发展中的不稳定因素展开。在近二三十年西方对叙事进程的探讨中，依然延续了这一传统思路。若要发现叙事的隐性进程，我们首先必须把眼光拓展到情节后面，看是否存在一股从头到尾与情节发展并行的叙事暗流。而正因为这是一股"暗流",我们必须有意加以挖掘,才有可能发现它。

第二,一个作者在创作不同作品时,可能会持大相径庭的立场。我们需要打破中国文学传统中"文如其人"这种容易对一个作者形成某种固定看法的思维模式。且以曼斯菲尔德为例,批评界普遍认为曼斯菲尔德在创作中不关注社会问题,而是善于抓住一种情感、一个短暂的瞬间来塑造人物和营造氛围。带着这样的阐释框架,就很难发现《启示》这样的作品中,在聚焦于女主人公的情节后面,存在抨击反讽父权制社会的叙事暗流。若要发现这种隐蔽的叙事进程,我们必须打破对作者的定见,以完全开放的眼光来看待作者在创作一个作品时所持的特定立场。

第三,若要发现隐性进程,我们需要同时关注文体特征和结构技巧。叙事批评界往往聚焦于作品的结构特征,在很大程度上忽略作者的遣词造句。而作者则往往通过文体选择和结构技巧微妙的交互作用,来创造叙事的隐性进程。若要挖掘隐性进程,我们需要从头到尾仔细考察作者在遣词造句和结构安排上的精心选择,关注文体与结构之间的交互作用。

第四,隐性进程具有较强的隐蔽性和间接性,往往在很大程度上由一些看上去琐碎离题的细节组成,因此在阅读时很容易被忽略。我们需要意识到,对于情节发展来说,看上去无关紧要甚或多余的文本成分,在隐性进程中有可能十分重要。当我们发现有的文本成分从情节发展的角度来看无足轻重时,不要轻易将其放置一边,而要仔细加以考察,看这些成分是否帮助构成一股叙事暗流。在曼斯菲尔德《苍蝇》的前面部分,病弱的伍德菲尔德对老板和其新装修的办公室的称赞和羡慕、老板的自鸣得意和对办公室新物品的逐一显摆等细节,看上去对围绕战争、死亡、施害/受害、苍蝇的象征意义等展开的情节无足轻重。但我们若仔细考察这些看上去无关紧要的细节与其他文本成分的交互作用,就有可能发现情节后面反讽老板虚荣自傲的那股叙事暗流。只要逐渐发现隐性进程,相关文本细节就不再显得琐碎,而会获得主题相关性,其审美价值也会相应显现。

第五,叙事的隐性进程在很大程度上取决于不同地方文本成分的暗暗交互作用。若要发现隐性进程,我们需要仔细考察在情节发展的后面,处于作品开头、中腰和结尾的文本成分是否暗暗呼应，构成一种与情节并行的隐性叙事运动，表达出与情节的主题意义相辅或相左的另一主题意义。就这一点来说，我们还需要关注作品不同地方相似的情景是否暗含某种对照。在《黛西蕾的婴孩》中，阿尔芒向黛西蕾求婚时，黛西蕾的白人养父要阿尔芒考虑黛西蕾来路不明的身份（即她可能有黑人血统），这似乎暗示他是一个种族主义者。然而，他和夫人在领养黛西蕾时，却根本不在乎黛西蕾的来路不明，而且当黛西蕾被误认为是混血儿时，他们夫妇毫不嫌弃，把黛西蕾当成自己的亲女儿看待。这与具有黑人血统的阿尔芒对"混血"的黛西蕾的迫害形成鲜明对照。在这一作品中，我们若仔细考察，可以看到在反种族主义的情节后面，从文本开头、中腰到结尾持续存在着这种暗暗的对照：白人不歧视和压迫黑人，具有黑人血统的人才歧视和压迫黑人，这构成一种隐性叙事进程，暗暗美化白人统治下的奴隶制，并暗暗抨击黑人血统的低劣。

第六，叙事的隐性进程可能与作者的生活经历和历史语境有关，因此我们需要把目光拓展到文本之外。就《黛西蕾的婴孩》而言，了解肖邦的家庭背景和个人经历会有助于我们发现作品中那股美化南方奴隶制的叙事暗流。而就《启示》来说，了解曼斯菲尔德创作时中上层妇女沦为男性玩偶的困境，会有助于我们发现作品抨击父权制压迫的隐性进程。

第七，将作品与其他相关作品加以比较，有助于发现作品中的隐性进程。譬如，将《启示》与曼斯菲尔德的《序曲》和易卜生的《玩偶之家》等作品加以比较，会帮助我们看到《启示》中的隐性进程。

从古希腊亚里士多德开始，对叙事运动的研究一直围绕情节发展中的不稳定因素展开，历代批评家从各种角度对情节发展的深层意义展开探讨，不断修正或颠覆前人的阐释。但迄今为止，不少作品中贯穿全文的隐性叙事进程仍被忽略。如果情节后面存在隐性叙事进程，而我们仅仅关注情节发展，就难免会对作者的修辞目的、作品的主题意义和人物形象产生片面或者不恰当的理解，也难以很好地欣赏作品的审美价值。我们需要打破传统框架的束缚，积极探索情节后面的隐性进程，以求对叙事作品做出更好更全面的阐释。

参考文献

- ABRAMS M H, HARPHAM G G. A glossary of literary terms[M]. Belmont: Wadsworth Cengage Learning, 2009.
- BROOKS C, WARREN R P. Understanding fiction[M]. New Jersey: Prentice-Hall, 1979.
- BROOKS P. Reading for the plot: design and intention in narrative[M]. New York: Knopf, 1984.
- MARSH K A. The mother's unnarratable pleasure and the submerged plot of persuasion[J]. Narrative, 2009, 17(1): 76-94.
- MORTIMER A K. Second stories[M]// LOHAFER S, CLAREY J E. Short story theory at a crossroads. Baton Rouge: Louisiana State University Press, 1989: 276-298.
- PHELAN J. Reading people, reading plots: character, progression, and the interpretation of narrative[M]. Chicago: The University of Chicago Press, 1989.
- PHELAN J. Experiencing fiction[M]. Columbus: The Ohio State University Press, 2007.
- RICHARDSON B. Narrative dynamics: essays on time, plot, closure, and frames[M]. Columbus: The Ohio State University Press, 2002.
- ROHRBERGER M. Hawthorne and the modern short story[M]. Hague: Mouton, 1966.
- SHEN D. Non-ironic turning ironic contextually: multiple context-determined irony in *The Story of an Hour*[J]. Journal of literary semantics, 2009, 38(2): 115-130.
- SHEN D. Covert progression behind plot development: Katherine Mansfield's *The Fly*[J]. Poetics today, 2013, 34(1-2): 147-176.
- SHEN D. Style and rhetoric of short narrative fiction: covert progressions behind overt plots[M]. London: Routledge, 2014.
- TOOLAN M. Narrative progression in the short story[M]. Philadelphia: John Benjamins, 2009.

第二部分

文体学研究

导　言

　　20世纪60年代以来，西方文体学得到快速发展，形成了纷呈不一的流派。对这些文体学流派应该如何加以区分，是一个貌似简单但实际上非常复杂的事情。笔者在《叙述学与小说文体学研究》（北京大学出版社，1998：82-84）一书中指出，西方学界对文体学各流派看似清晰的区分，实际上涉及了不同标准：对于"形式主义文体学""功能主义文体学""话语文体学"的区分，是依据文体学家所采用的语言学模式做出的；而对于"语言学文体学""文学文体学""社会历史文化文体学"的区分则主要以研究目的为依据。笔者认为，由于文体学各派自身的性质和特点，这样的双重（甚或三重）标准可能难以避免，重要的不是找出某种大一统的区分标准，而是应认识到对文体学各派的区分往往以不同标准为依据。徐有志先生在《外国语》2003年第5期上发表了《文体学流派区分的出发点、参照系和作业面》一文，提出了不同意见，认为同一著述中应有一个统一的出发点，不能变来变去。针对这一情况，本部分的第一篇论文（发表于《外语教学与研究》2008年第4期）探讨了以下几个问题：（1）在同一著述中，是否应该采用同一区分标准？（2）如何区分语言学文体学和文学文体学？（3）文体学流派是否应分为两个不同层次？这篇论文旨在通过梳理，更好地认识各种区分标准及其短长，看清文体学研究的性质、特点和发展变化。

改革开放以来，功能文体学在我国得到了快速发展。笔者在《外国语》1997年3期上，发表了《对功能文体学的几点思考》一文。张德禄教授在《韩礼德功能文体学理论述评》(《外语教学与研究》1999年第1期）一文中，也论及了一些相关问题，这促使笔者在《外语教学与研究》2002年第3期上，发表了本部分选用的第二篇论文，该文对功能文体学作了进一步思考，主要涉及以下四个问题：（1）文体与相关性准则，（2）文学文本的情景语境，（3）性质突出与数量突出，（4）分析阶段与解释阶段之间的关系。据中国知网的数据，截至2019年10月17日，这篇论文已被引用121次。

上面两篇论文都属于理论探讨，本部分的第三篇论文（发表于《外语教学与研究》2006年第1期）则是把功能文体学的及物性系统运用于批评实践，深入细致地分析了兰斯顿·休斯《在路上》的及物性特征，揭示出相关文体选择的深层象征意义。我们知道，文体学长期以来遭到不少文学批评家的攻击和排斥，一个重要原因在于其"循环性"（circularity）未能得出新的阐释结果。

本文指出，这种"循环性"并非文体学研究的内在特点，而是与文体学家的阐释目的直接相关。若要增强文体学在文学批评中的作用，分析者应力求通过研究语言特征，揭示出作品中以往被忽略的深层意义。这篇论文还指出，以语言特征为依据的文体分析有助于了解"隐含作者"与真实作者之间的复杂关系。据中国知网的数据，截至2019年10月17日，这篇论文已被引用153次。这篇中文论文有一英文的姐妹篇，即笔者在文学语义学顶级期刊 *Journal of Literary Semantics* 2007年第1期上发表的 "Internal Contrast and Double Decoding: Transitivity in Hughes's *On the Road*"，这可以从侧面说明国际上对这一功能文体学作品分析的认可。

五　再谈西方当代文体学
流派的区分[29]

1. 引言

西方文体学在20世纪60年代步入兴盛时期，形成了各种流派，并出现了区分各流派的讨论，也产生了一些混乱。有的混乱源于某一流派名称的含混性，有的源于某一名称在学术发展过程中形成的多义性或不同名称在特定语境中的同义性，有的源于对文体学各派之间的关系把握不准，有的则源于中西方学术语境的差异等。因此，应该如何区分西方文体学流派，成了一个貌似简单实际上非常复杂的问题。本文结合近来的相关争鸣，进一步探讨这一问题。

2. 是否应该采用同一区分标准？

Carter 和 Simpson（1989）提出了一个影响较大的正式区分，包括"形式主义文体学""功能主义文体学""话语文体学""社会历史和社会文化文体学""文学文体学""语言学文体学"等派别。申丹（1998：82-83）认为这一看似简单清晰的区分，实际上像以往的不少类似区分一样涉及了不同标准：对

29　原载《外语教学与研究》2008年第4期，293—298，321页。

于"形式主义文体学""功能主义文体学""话语文体学"的区分，是依据文体学家所采用的语言学模式做出的；而对于"语言学文体学""文学文体学""社会历史和社会文化文体学"的区分则主要以研究目的为依据。申丹（1998：84）的看法是：由于文体学各派自身的性质和特点，这样的双重（甚或三重）标准可能难以避免，重要的不是找出某种大一统的区分标准，而是应该清楚地认识到对文体学各派的区分往往是以不同标准为依据的。徐有志（2003：53）不同意这一看法，认为同一著述中应有一个统一的出发点，不能变来变去。他提出，可以根据采用的不同语言学模式，区分形式主义文体学（运用布拉格结构主义语言学模式）、转换生成文体学（运用转换生成语言学早期模式）、功能主义文体学（运用系统功能语言学模式）、话语文体学（运用话语语言学模式）、（社会历史/文化）批评文体学（运用批评语言学模式）、认知文体学（运用认知语言学模式）等，也可以列出计算文体学（运用计算语言学模式）。那么，这一区分是否采用了统一标准呢？

首先值得注意的是，"批评语言学"（critical linguistics）中的"批评"指的实际上是研究目的——主要采用系统功能语言学来揭示看似自然中性的语篇的意识形态和权力关系（Fowler et al., 1979；Hodge, Kress, 1993；Fairclough, 2002）。近十多年来，随着"discourse"越来越受重视，学者们倾向于用 Fairclough（1989；1995）领军的"critical discourse analysis"（简称 CDA）来替代或涵盖"critical linguistics"，且随着时间的推移，这方面的研究无论是在模式借鉴还是在研究范畴和研究方法上，都在不断拓展。"批评文体学"也主要采用系统功能语言学等来揭示语篇的意识形态和权力关系。那么，批评文体学和批评语言学之间是什么关系呢？若坚持认为"文体学"研究的对象就是文学，这两者之间就是并行关系，前者研究文学语篇，后者则主要研究非文学语篇。然而，因为批评文体学的关注对象是意识形态而不是审美效果，因此一般将文学视为一种社会语篇，打破了文学与非文学的区分。Mills 的《女性主义文体学》（1995）对文学和非文学语篇同时展开分析。Weber（1992：1）也明确声称批评文体学探讨的是"所有语篇的意识形态潜流"。[30]正因为如此，Weber（1992）在以 *Critical Analysis of Fiction* 命名的批评文体学著作中，首先通过分析四篇新闻报道，来说明自己的基本分析方法。与此相对应，Fowler（1986：36）一方面说明批评语言学尤为注重分析大众语言、官方语言、人与人之间的对话等，一方面又将其分析范畴加以拓展，转而聚焦于文学语篇。尽管一部为批评语言学的著作，一部为批评文体学的著作，这两部著作实际上大同小异，完全可以划归同一研究流派。也就是说，若打破文学与非文学的区分，"批评文体学"和"批评语言学"就呈现出一种交叠重合的关系。对于这一点，西方学界往往缺乏清醒认识。我们不妨比较一下 Weber 的三段不同描述（本书引文方括号内文字为笔者所加）：

（1）这种新兴的、强有力的文体学［即批评文体学］借鉴了富有活力的语言学——不再是乔姆斯基的转换生成语法，而是韩礼德将语法视为社会符号学的理论和以此为基础的批评语言学（Weber, 1992：1）。

（2）这种新的文体分析显然需要十分不同的语言分析工具，这些工具来自语言功能理论［即韩礼德将语法视为社会符号学的理论］，来自语用学、话语分析，也来自认知科学和人工智能（同上）。

（3）正是因为这种批评性的社会政治关怀，这一领域的研究通常被称为批评语言学和批评文体学（Weber, 1996：4）。

---

30 意识形态和权力关系涉及阶级、性别、种族。Mills（1995）倡导的"女性主义文体学"聚焦性别问题，因此构成批评文体研究的一个分支。Weber（1996）对此缺乏清醒认识，把"女性主义文体学"和"批评文体学"视为两个并行的流派。

前两段文字虽然出自同一页，但显然互相矛盾：在第一段中，批评语言学被视为批评文体学借鉴的一种主要语言学模式，而在第二段中，批评语言学则被排除在批评文体学借鉴的语言学模式之外。第二段文字的描述是准确的。第三段则将"批评语言学"和"批评文体学"视为同义名称。笔者认为，之所以会出现这两种名称所指相同的情况，其根本原因是：批评语言学并不是对语言学模式的建构，而是运用现有的语言学模式对社会语境中真实语篇的意识形态展开分析。在这一点上，批评语言学与功能语言学、认知语言学等呈现出相反的走向。后者是利用各种语料来建构语言学模式；而前者则是采用现有的语言学模式来进行实际分析[31]。正是因为这种反走向，两者跟文体学的关系大相径庭。功能语言学、认知语言学等构成文体学借鉴的语言学模式，而批评语言学则成了一种与批评文体学难以区分的"文本和文体分析"（Wales，2001：197）。若仔细考察，不难发现Weber（1992：1-12；1996：4-5）界定的"批评文体学"或"批评性语篇文体学"与"批评语言学"和CDA本质相通，内容相似，可以说是换名称不换内容。

Wales 在《文体学辞典》（2001：389）中指出，Burton（1982）率先提出来的"激进的文体学（radical stylistics）类似于Fowler的批评语言学"。这些早期的批评性语篇研究——无论是冠以"语言学"还是冠以"文体学"的名称——相互呼应，相互加强，并以其批评立场和目的影响了后来的学者，构成后来的批评性文体研究的"先驱"（Mills，1995）。尽管Wales对激进的文体学与批评语言学的关系把握较准，但遗憾的是，Wales对文体学与CDA的关系有时却认识不清。在"文体学"这一词条中（2001：373），Wales将CDA与生

---

31 笔者认为，之所以会出现这种相反走向，其根本原因是：除了"human"（hu+man）或"chairman"（chair+man）这样本身蕴含意识形态的词语，意识形态和权力关系往往不存在于抽象的语言结构之中，而是存在于语言的实际运用之中。譬如，不能抽象地谈被动语态蕴含意识形态和权力关系（请比较"her friend gave her an apple"与"she was given an apple"），尽管在语言的实际运用中，被动语态常常构成意识形态和权力操控的一种工具。也就是说，要进行"批评性"的研究，往往必须结合社会历史语境，对现实中的语篇展开实际分析。

成语法、语用学、认知语言学等相提并论，认为 CDA 是文体学借鉴的一种语言学模式。如前所述，CDA 是批评语言学的别称或其新的拓展，因此跟文体学的关系并无二致。值得注意的是，Wales《文体学辞典》的第二版删去了"激进的文体学"这一词条，而且也没有收入"社会历史和文化文体学""批评文体学"等相关词条[32]。该书于 2001 年面世，而 20 世纪 90 年代正是这种批评性的文体研究快速发展，占据重要地位的时期。Wales 对这一文体学流派的避而不提显然不是粗心遗漏，而很可能是因为随着时间的推移，越来越难以区分独立于"批评语言学"和 CDA 的文体学流派。然而，我们不能像 Wales 那样回避问题，或许可从两个不同的角度来直面现实：（1）将这方面的文体研究视为批评语言学和 CDA 的实践和拓展；（2）将"批评文体学"或"社会历史和文化文体学"视为一种统称，指涉所有以揭示语篇意识形态为目的的文体研究[33]，从这一角度看，批评语言学和 CDA（至少其相关部分）就构成这种文体研究的组成部分。无论怎样看批评性文体研究与批评语言学和 CDA 之间的关系，有一点可以肯定：对于这一文体学流派的区分是以研究目的而不是以语言学模式为依据的。

此外，值得注意的是，"计算文体学"并没有采用"计算语言学模式"。请看下面两个定义：

---

32 但 Wales 收入了"女性主义文体学"这一词条。自从 Mills 的《女性主义文体学》（1995）这部专著面世以来，这种文体研究得到了清晰的界定，但这仅仅是批评文体研究的一个分支。

33 诚然，"意识形态"有各种含义，但从实际分析来看，无论是称为"批评语言学"或 CDA，还是称为"激进的文体学""批评文体学""社会历史文化文体学"，这种批评性的语篇分析往往聚焦于涉及种族、性别、阶级的政治意识形态。不少学者根据批评语言学的领军人物 Fowler（1991a）在"Critical Linguistics"这一词条中对"意识形态"的界定，认为 Fowler 对意识形态的看法较为中性，但 Fowler（1986：34-36）曾明确指出："所有语言，而不仅仅是政治语言，都倾向于不断肯定通常带有偏见的、固定下来的表达"，而"批评"有责任与这种倾向"展开斗争"，以便抵制语言的习惯表达，质疑社会结构。Fowler 的实际分析（1986，1991b）也充分体现了这一较为激进的立场。

（1）计算语言学利用数学方法，通常在计算机的帮助下进行研究（Richards et al., 2000：90）。

（2）计算文体学采用统计学和计算机辅助的分析方法来研究文体的各种问题（Wales, 2001：74）。

它们都是利用数学方法（统计学方法）和计算机来进行研究。Wales（2001：74）将计算文体学视为计算语言学本身的"一个分支"，是因为她看到了二者在利用统计学和计算机上的一致性，但二者之间实际上是一种并行关系：计算语言学利用统计学和计算机来研究语言问题（Richards et al., 2000：90），而计算文体学则利用统计学和计算机来研究文体问题（Burrows, 2002；Stubbs, 2005；Hardy, 2004）。

综上所述，徐有志对文体学流派的区分实际上涉及了三种不同标准：（1）语言学模式；（2）研究目的；（3）是否采用统计学和计算机这样的工具。若坚持采用一种标准，就会陷入困境：若仅采用第三种标准，就只能区分两种文体学："计算文体学"与"非计算文体学"。若仅采用第二种标准，所有根据语言学模式来划分的流派都会排除在外。若仅采用第一种标准，就无法考虑"批评文体学""计算文体学"等并非依据语言学模式来区分的流派。也就是说，每一种标准都有不同程度、不同方向的排他性和局限性。若要对不同文体学流派加以区分，往往需要同时采用数种标准。

上海外语教育出版社邀请笔者为"外教社学术阅读文库"主编了一部西方当代文体学论文集《西方文体学的新发展》（2008）。考虑到国内的需求，将论文按文体学流派分类，除了上面区分的这些文体学流派，还收入了"教学文体学"（pedagogical stylistics），这又涉及了新的标准：是否以文体学教学为研究对象或是否以改进文体学教学为研究目的。在英国，一部当代文体学论文集也在同期编撰，主编为 Marina Lambrou 和 Peter Stockwell（2007）。他们仅将论文分为三类："研究散文的文体学""研究诗歌的文体学""研究对话和戏剧的文体学"。像这样仅仅依据研究对象来分类，对主编来说无疑非常方便，也确实做到了标准一致。但在每一类中，不同文体学派别都混合共存，这对于想了解不同文体学流派的读者来说，显然十分不便，因此，这并非一种更为可取的分类方法。

总而言之，由于文体学各流派自身的性质和特点，若要对不同文体学流派加以区分，往往需要采用两种或两种以上的标准；有时表面上用一个标准做出的区分，实际上涉及了不同标准。

3. 如何区分文学文体学和语言学文体学？

徐有志（2003：57）认为，还要区分普通文体学和文学文体学。普通文体学（含语体学）是广义的文体学，它覆盖对各类非文学文体以及文学文体中各体裁总体特征的研究。文学文体学是狭义的文体学，它研究的是文学文体特征。文学文体学包括语言学文体学，而语言学文体学就是以各种语言学模式研究文学语篇的文学文体学。他又补充说明，语言学文体学可指任何运用语言学模式的文体学。这些出现在同一段落中的文字把我们带入了一种令人困惑的矛盾循环：

> 文学文体学包括语言学文体学——语言学文体学就是文学文体学——语言学文体学反过来又包括文学文体学和普通文体学（两者都是运用语言学模式的文体学）

若要梳理画面，我们需要看清："文学文体学"这一貌似简单的名称在西方文体学界实际上有三种不同所指，而"语言学文体学"也有两种不同所指。

1）"文学文体学"与"语言学文体学"同义。

西方文体学往往运用语言学模式对文学文体展开分析（20世纪90年代以前尤其如此）。在统称文体学时，有的学者，特别是语言学家阵营的文体学家，倾向于采用"语言学文体学"这一名称，而有的学者则倾向于采用"文学文体学"这一名称。在这种情况下，这两个名称虽然能指不同，但所指相同，构成一种"混乱"的状况（Wales, 2001：373）。

2）"文学文体学"与"语言学文体学"相对照。

"文学文体学"与"语言学文体学"相区分时，两者是一种对照或对立的关系："语言学文体学"旨在通过文体研究，来改进分析语言的模式，从而对语言学理论的发展做出贡献（譬如Burton, 1980；Banfield, 1982），而"文学文体学"则旨在通过文体分析，更好地理解和欣赏文学作品（Carter, Simpson, 1989：4-8；Mills, 1995：4-5；Wales, 2001：373）。在20世纪六七十年代，从事这种"文学文体学"研究的不少是曾经从事新批评或实用批评的文学领域的学者。他们仅将语言学视为帮助进行分析的工具，在分析时往往会根据实际需要，灵活借鉴几种语言学模式。由于这派文学文体学家仅关注与主题意义和美学效果相关联的语言特征，因此往往影响了语言描写的系统性。这在20世纪六七十年代乃至80年代，遭到了不少或明或暗的批评——认为这样的文体分析没有语言学文体学那样纯正（Halliday, 1967；Carter, Simpson, 1989：4）。

3）"文学文体学"与"普通文体学"相对照。

当"文学文体学"与"普通文体学"相区分时，则构成另一种对照或对立的关系。两者之间的区分依据为研究对象，研究文学文体的为"文学文体学"，而研究新闻、广告、法律等非文学语域之文体的则构成"普通文体学"（Wales, 2001：373）。

"文学文体学"与"语言学文体学"的多义是西方学术语境中的特定产物。在国内没有出现"语言学文体学"与"文学文体学"这两派之间的对立，因此容易忽略上面提到的第二种情况，也容易将"文学文体学"和"语言学文体学"视为单义名称。由于中国和西方学术语境的不同，中国学者在跟西方学者对话时容易"各谈各的"。徐有志（2003：57）对Carter和Simpson（1989：4-8）关于"语言学文体学"和"文学文体学"的区分进行了商榷，但如上所引，他眼中的这两个学派之分跟西方学者眼中的这两个学派之分大相径庭。值得强调的是，不少西方学术流派的名称都不是单义的，而是有着一个以上的所指，且这些名称的变义和所指的复杂化又源于西方特定的学术发展过程。在讨论西方学术流派时，我们需要充分关注学术名称在西方语境中的变义和多义现象，辨明一个流派的名称在一个论著（的某一部分）中究竟所指为何。

4. 文体学流派是否应该分属两个不同层次？

Carter和Simpson（1989）及申丹（1998：82-84）在讨论西方文体学流派时，没有区分不同层次。徐有志批评了这种做法，提出要注意类属关系，区分层次（2003：54）。他的看法是，"语言学文体学"与"文学文体学"是"文体学"下面第二个层次的概念，而"形式文体学""功能文体学""话语文体学""社会历史文化文体学"等是第三个层次的概念，它们或者隶属语言学文体学，或者隶属文学文体学，或者隶属两者，不能将这两个层次混在一起（2000：67）。

徐有志的批评针对的是Carter和Simpson的区分与申丹的相应评论。如前所述，Carter和Simpson对"语言学文体学"与"文学文体学"的区分是以研究目的为依据的。在这种区分中，"文学文体学"不仅涵盖面较窄，而且与"社会历史文化文体学"或"批评文体学"形成了一种对照或对立的关系。后者的目的不是更好地阐释文学作品，而是揭示语篇的意识形态和权力关系。这一学派的开创人之一Burton（1982）曾对文学文体学加以抨击，提出后浪漫主义经典文学中有很大一部分掩盖阶级、种族、性别方面的矛盾和压迫，而文学文体学则通过对这些作品的分析和欣赏成了为统治意识服务的帮凶。她认为文体分析是了解通过语言建构出来的各种"现实"的强有力的方法，是改造社会的工具，这一立场在批评文体学中有一定的代表性。此外，批评文体学不仅关注文学作品中的意识形态，而且也关注广告、新闻媒体、官方文件等非文学语篇的意识形态，因此难以隶属于文学文体学。换一个角度来看，因为这一学派的目的不是通过文体分析来为语言学理论的发展贡献力量，因此也无法隶属于（与文学文体学相对照的）语言学文体学。

上一节还提到了在西方文体学界"语言学文体学"与"文学文体学"所指相同的情况。在这种情况下，这两个名称不仅"同义"，而且与"文体学"无法区分，自然无法构成文体学下面一个具有区分性的层次。

只有抛开"语言学文体学"与"文学文体学"之分，转而关注"普通文体学"和"文学文体学"之分，才有可能区分两个层次。"普通文体学"和"文学文体学"是依据研究对象做出的区分。在"文学文体学"下面，可相应区分"小说文体学""诗歌文体学"和"戏剧文体学"等[34]。在"普通文体学"下面也可相应区分"法律文体学""广告文体学""新闻文体学"等。但这一表面上清晰的区分，实际上暗含着混乱。譬如，在"小说文体学"或"广告文体学"里，都会混杂出现功能文体学研究、话语文体学研究、批评文体学研究等。换个角度来看，这些文体学流派可研究任何语篇，因此对它们而言，"普通文体学"和"文学文体学"之分（以及下一个层次的体裁之分）也就失去了意义。也就是说，这些区分方法是互相排斥的。毋庸置疑，若要区分功能文体学、话语文体学、批评文体学、计算文体学等不同流派，就无法采用二层次区分法，因为这些流派不仅涉及不同体裁，而且涉及不同的区分标准，没有任何两个流派可以构成它们的上一层次。

5. 结语

西方文体学流派是在历史上逐渐形成和区分的，有的流派之分聚焦于采用的语言学模式，有的流派之分关注的是分析对象，有的流派之分突出了分析目的，有的流派之分则涉及计算机这样的技术工具。此外，随着历史的发展，有的流派名称出现了双义或多义的现象，有的则由于自身的含混导致了理解上的矛盾和混乱。面对这种现实，本文采取了以下应对策略：（1）对"批评语言学"这样含混的名称加以澄清，并透过名称看相关学术流派之间的本质关系；（2）对"文学文体学"这样的多义名称予以梳理，辨明其在不同语境中的不

---

34 上文提到英国 Lambrou & Stockwell（forthcoming）主编的一部当代文体学论文集。他们仅将论文分为三类："stylistics of prose""stylistics of poetry""stylistics of dialogue and drama"。值得注意的是，西方文体学界一般不说"fictional stylistics"（可能是因为"fictional"一词的多义），而只说"stylistics of fiction"（Toolan, 1990）；而且一般也不说"poetic stylistics"（可能是因为"poetic"一词的多义）。

同所指；（3）对于表面上标准一致而实际上标准不同的情况，揭示出不同标准的存在，并看清任何一种标准都有不同程度、不同方向的排他性和局限性，因此往往需要采用不同标准，才能对文体学流派做出较为全面的区分。通过对这些问题的探讨，我们或许能更好地看清中西方学术语境的差异，更好地把握文体学流派的性质、特点、发展过程和相互之间的关系。

参考文献

- 申丹. 叙述学与小说文体学研究[M]. 北京：北京大学出版社，1998.
- 申丹. 西方文体学的新发展[M]. 上海：上海外语教育出版社，2008.
- 徐有志. 现代文体学研究的90年[J]. 外国语，2000(4): 65-74.
- 徐有志. 文体学流派区分的出发点、参照系和作业面[J]. 外国语，2003(5): 53-59.
- BANFIELD A. Unspeakable sentences[M]. London: Routledge, 1982.
- BURROWS J. The Englishing of Juvenal: computational stylistics and translated texts[J]. Style, 2002, 36(4): 677-698.
- BURTON D. Dialogue and discourse[M]. London: Routledge & Kegan Paul, 1980.
- BURTON D. Through glass darkly: through dark glasses[M]// CARTER R. Language and literature. London: George Allen & Urwin, 1982: 195-214.
- CARTER R, SIMPSON P. Introduction[M]// CARTER R, SIMPSON P. Language, discourse and literature. London: Unwin Hyman, 1989: 1-20.
- FAIRCLOUGH N. Language and power[M]. London: Longman, 1989.
- FAIRCLOUGH N. Critical discourse analysis[M]. London: Longman, 1995.
- FAIRCLOUGH N. Critical linguistics/critical discourse analysis[Z]// MALMKJAER K. The linguistics encyclopedia. 2nd ed. London: Routledge, 2002: 102-107.
- FOWLER R. Linguistic criticism[M]. Oxford: Oxford University Press, 1986.
- FOWLER R. Critical linguistics[Z]// MALMKJAER K. The linguistics encyclopedia. London: Routledge, 1991a: 89-93.
- FOWLER R. Language in the news[M]. London: Routledge, 1991b.
- FOWLER R, et al. Language and control[M]. London: Routledge, 1979.
- HALLIDAY M A K. The linguistic study of literary texts[M]// CHATMAN S，LEVIN S R. Essays on the language of literature. Boston: Houghton Mifflin, 1967: 217-223.
- HARDY D. Collocational analysis as a stylistic discovery procedure: the case of Flannery O'Connor's *Eyes*[J]. Style, 2004, 38(4): 410-427.
- HODGE R, KRESS G. Language as ideology[M]. 2nd ed. London: Routledge, 1993.
- LAMBROU M, STOCKWELL P. Contemporary stylistics[M]. London: Continuum, 2007.
- MILLS S. Feminist stylistics[M]. London: Routledge, 1995.

- RICHARDS J, PLATT J, PLATT H. Longman dictionary of language teaching and applied linguistics[Z]. Beijing: Foreign Language Teaching and Research Press, 2000.

- STUBBS M. Conrad in the computer: examples of quantitative stylistic methods[J]. Language and literature, 2005, 14(1): 5-24.

- TOOLAN M. The stylistics of fiction[M]. London: Routledge, 1990.

- WALES K. A dictionary of stylistics[Z]. 2nd ed. London: Longman, 2001.

- WEBER J. Critical analysis of fiction[M]. Amsterdam-Atlanta: Rodopi, 1992.

- WEBER J. The stylistics reader[M]. London: Arnold, 1996.

六 功能文体学再思考[35]

1. 引言

"功能文体学"为"系统功能文体学"的简称，特指以韩礼德（Halliday）的系统功能语言学为基础的文体学派，30年来影响日益扩大。《对功能文体学的几点思考》（申丹，1997）和《韩礼德功能文体学理论述评》（张德禄，1999）的发表，促使笔者对功能文体学作了进一步思考，主要涉及以下四个问题：（1）文体与相关性准则；（2）文学文本的情景语境；（3）性质突出与数量突出；（4）分析阶段与解释阶段之间的关系。

2. 文体与相关性准则

韩礼德是功能文体学的开创人，其代表性论文为《语言功能与文学文体》[36]（Halliday, 1971）。该文提出，"语言功能理论"是进行文体研究的较好工具。所谓"语言功能理论"，用韩礼德的话说，就是"从语言在我们的生活中起某种作用并服务于几种普遍的需要这一角度出发，来解释语言结构和语言现

---

35 原载《外语教学与研究》2002年第3期，188—193页。

36 为行文简洁，外文书的译名使用主标题。

象"。韩礼德认为语言有三种"元功能"或"纯理功能":第一种为表达说话者经验的"概念功能";第二种为表达说话者的态度、评价以及交际角色之间的关系等因素的"人际功能";第三种为组织语篇的"组篇功能"。这三种元功能相互关联,是构成语义层或"意义潜势"的三大部分。

韩礼德的"语言的功能理论"打破了传统上文体与内容的界限。任何语言结构都有其特定的语言功能。韩礼德明确指出,"文体存在于语言的任何领域之中"。他所区分的用于表达经验的"概念功能"属于文学文体学不予关注的"内容"这一范畴。将文体研究扩展到这一领域有利于揭示小说人物生存活动的性质和观察世界的特定方式。然而,韩礼德并不认为所有的语言选择同等重要,他明确宣称(Halliday,1971):

> 本文最关心的问题为相关性准则(criteria of relevance)。在一首诗或一篇小说中频繁出现的规则的语言结构,有的对于文学研究没有意义,有的却对于这首诗或这部小说十分重要。在我看来,如何将这两者区分开来,是"语言风格"研究中的一个中心问题。

他稍后又说:

> 如果我们将文本中(语法、词语、甚至语音上)的语言模型(linguistic patterns)与语言的基本功能结合起来考虑,就能以此为判断标准来确定什么样的语言特征是无关紧要的,就能将真正的前景化(true foregrounding)与纯粹数量众多的语言结构区分开来。[37]

---

37 我同意张德禄(1999)提出的观点:应把"foregrounding"翻译成"前景化",以有别于"没有动因的突出"。

然而，我们应该清楚地认识到，韩礼德在判断文学文本中语言结构的文体价值时，依据的并不是语言的基本功能，而是具体文本的主题意义。倘若我们仅仅以语言在生活中承担的功能为标准，就难以判断哪些语言结构具有文体价值，哪些结构无关紧要，因为任何语言成分都具有其基本的语言功能。利奇和肖特（Leech, Short, 1981：33）在评论韩礼德的功能文体分析时，断然宣称："韩礼德认为所有的语言选择都有意义，而且所有的语言选择都是文体选择。"这显然与上面所引的韩礼德的两段话直接矛盾。像利奇和肖特这样误解韩礼德的学者，无论在功能文体学的外部还是内部，都屡见不鲜。其实这一误解源于韩礼德自己的理论阐释。假如韩礼德确实仅仅"从语言在我们的生活中起某种作用，服务于几种普遍的需要这一角度出发来解释语言结构和语言现象"，我们恐怕只能得出利奇和肖特那样的结论。实际上，韩礼德在判断什么是"真正的前景化"时，依据的并不是语言的基本功能，而是文本的主题意义。为了弄清这一问题，我们不妨看看韩礼德自己的两段文字。韩礼德（Halliday, 1988b）对早期的系统功能文体学的论文作了这么一番评价（黑体为笔者所标，后同）：

> 最早的"系统"文体学论文倾向于详细探讨由一个元功能中的一个系统建立的突出的模型，譬如在及物性系统中重复出现的选择（概念功能），有标记的人称代词（人际功能）或者主位选择（组篇功能），**并将这些与所研究的文学作品的大的主题和结构结合起来考虑。**

请比较韩礼德在《语言功能与文学文体》一文中的一段话：

> **……一个突出的特征只有在与文本的整体意义相关时，才会真正地"前景化"。**这是一种功能性质的关系：如果一个语言特征通过自身的突出来对作品的整体意义做出贡献，它凭借的是它在语言系

统中的价值——凭借的是产生其意义的语言功能。**当该种语言功能与我们对文本的阐释相关时**，这种语言结构的突出看起来就是有目的的。（Halliday, 1971：334）

在第一段引文中，在括号中出现的"概念功能""人际功能""组篇功能"等仅能标明所涉及的语言现象在语言系统或生活中具有何种功能。这些功能在任何语境、任何语篇中都存在，譬如，只要是对及物性系统的选择，就必定具有概念功能；只要是主位选择，就必定具有组篇功能。不难看出，仅仅将这些语言现象与语言的基本功能结合起来考虑，根本无法"将真正的前景化与纯粹数量众多的语言结构区分开来"，其原因就在于任何语言特征都有其"语言的基本功能"。若要判断或区分何为"真正的前景化"，就需要考察这些语言特征与特定"作品的大的主题和结构"之间的关系，考察这些语言特征是否对"文本的阐释"或"作品的整体意义"做出了贡献。那么，何为"作品的整体意义"呢？张德禄（1999：47）总结道：

在韩礼德对戈尔丁的《继承者》的分析中，他把相关的意义分为三个层次：（1）直接意义，即表达题材，当时的客观现实的意义，如在他所选的第一段中，表达劳克（Lok）的行为、行动、思想和观察等。（2）主题意义，土著人的思维和观察力范围狭窄，活动范围小，行为没有效力等。（3）人类性质，人类不同发展阶段的知识和精神上的发展以及由此产生的冲突。下层的意义用于实现上层的意义，即与上层的意义相关；对及物性模式的选择同时体现了所有三个层次的意义，所以体现了作者的整体意义，得到了前景化。

六 功能文体学再思考

这里实际上只有两层意义：一为不考虑主题效果的字面描述意义；二为作品的主题意义。在上面引文中出现的第二层和第三层，均属于主题意义这一层次，只是涉及的范围大小有所不同。倘若我们将范围局限于以劳克为代表的尼安德特原始人群，就会得出"土著人的思维和观察力范围狭窄，活动范围小，行为没有效力"等结论；倘若我们还考虑到智人入侵之后发生的事，就必然会涉及"人类不同发展阶段的知识和精神上的发展以及由此产生的冲突"。在判断什么是真正的前景化时，我们不必考虑"直接意义"或字面描述意义，因为这一层次对于我们的判断没有帮助。我们需要考虑的是语言特征与主题意义的关系。无论一个突出的语言特征具有什么基本语言功能，只要它对表达文本的主题意义做出了贡献，就是真正的前景化。反过来说，无论一个突出的语言特征具有什么基本语言功能，只要它没有对表达文本的主题意义做出贡献，就不是真正的前景化。

与新批评较为接近的文学文体学在判断什么是真正的前景化时，依据的是文本的主题意义。在上面的引文中，韩礼德自己也谈到了这一依据。但是，韩礼德并不认为他与文学文体学采用的是同一标准，很多功能文体学家也持同样看法。韩礼德（Halliday，1971）反复强调，采用语言功能理论，我们就有了判断什么是真正的前景化的新标准，有了新的"相关性准则"。如前所述，这种想法不现实，因为语言的功能理论难以构成一种筛选标准。被韩礼德称为"数量众多的纯粹语言结构"之所以"对于文学研究没有意义"，并不是因为它们不具备语言功能或者它们的语言功能不重要——任何语言结构都有其基本的语言功能，而且在韩礼德看来，没有哪种语言功能比另一种更重要。这些语言结构之所以"没有意义"，是因为它们对于表达文本的主题意义不起什么作用。

3. 文学文本的情景语境

为了说明何为文学文本的情景语境，我想先从张德禄的《韩礼德功能文体学理论述评》一文中引两段话：

韩礼德的功能文体学把这两者［语言学研究和文学研究］较好地结合起来，同语言学家一样分析语言现象，同文学研究者一样分析语篇产生的历史背景、社会和心理环境，并把语言分析的结果用情景语境来解释，确定语篇的文体。（1999：47）

　　在文学作品中，由于语篇的决定语篇内容的情景是作者在创作中创造出来的，所以要看它［语言形式］是否与表达作者的整体意义相关。……在文学作品中，作品的整个意义和与意义相关的情景都是作者创造出来的，由此，文学作品的情景语境要根据语篇来推断。……某个突出的语言特征只要与作者的整体意义相关就是与语篇的情景语境相关……（1999：44）

　　上面第一段引语提到的"文学研究者"指的是在不同程度上将作品视为社会文献或历史文献的传统批评家，他们所研究的"语篇产生的历史背景、社会和心理环境"是处于语篇之外的社会、历史、创作环境。这种研究依据对各种史料（包括书信、报刊、传记、自传、历史记载等）的考证来完成。不难看出，上面这两段引语互相矛盾。这一矛盾源于韩礼德自己在立场上的变化。可以说，韩礼德对文学作品之情景语境的看法经历了一个从形式主义立场到非形式主义立场的转变。第二段引语体现的是一种鲜明的形式主义立场，强调文学的自律性，认为文学作品是独立自足的艺术世界。[38]也许是受

38　张德禄（1999：46）在文中也提到了文学语篇情景语境的"多层次性"："文学语篇的情景语境要比实用文体的情景语境复杂得多，具有多层次性。从第一层次语境上讲，作者给读者提供语言艺术，使其得到艺术享受。但他达到这一目的必须要再创造一个情景，从创造的情景中创造出艺术来。这就形成了决定语篇内容的第二层次情景。"这段话考虑了文本之外作者与读者的交流语境，但仅仅是从作者的艺术目的来看问题，未考虑作者所处的社会历史环境，仍然体现出一种形式主义的立场。

六　功能文体学再思考

107

布拉格美学学派、新批评和文学文体学的影响，韩礼德早期坚持文学与非文学的区分，将作品的"情景语境"置于作品的范围之内。但20世纪80年代以来，受社会历史文化研究大潮的影响，韩礼德对待文学作品的立场发生了根本性转变。在为《文体的功能》一书所写的序中，韩礼德对于当时的功能文体学作了这么一番评论：

> 在过去五到七年间，通过将对语篇的语言学解释（涉及语法和话语）与文学、社会政治和意识形态等多种角度结合起来，极大地丰富了这一研究领域。后者可用"符号学"这一名称来笼统地概括……我认为，有的论著在过去十年间特别拓展了我们的视野，包括克雷斯（Kress）对于语言和意识形态的探讨——语法如何创造政治现实，福勒（Fowler）对于社会历史语境中的文学作品的研究……（Halliday, 1988a: viii）

在这里，文学与非文学之间的界限不复存在。克雷斯和福勒均为批评语言学的代表人物（参见申丹，2001：100-104）。克雷斯的主要研究对象为新闻报刊，福勒则是将文学视为社会语篇，同时研究新闻报道和文学作品所反映的社会意识形态（Fowler, 1981; 1986）。应该指出的是，这些研究者均受益于韩礼德将语言视为社会符号的思想（1978），受益于韩礼德在很多论述中对由语场、基调和语式构成的语篇"情景语境"的强调。这种强调将注意力引向语篇外部，并进一步引向语篇所处的社会历史大环境。此外，以重视语言的元功能、系统性极强为特点的功能语法为这些研究者提供了强有力的语言分析工具（参见Halliday, 1985）。而这些采用功能语法的文体学研究又大大扩展了功能文体学的范畴（参见申丹，2001：94）。

随着视野的拓展，韩礼德强调的不再是文学作品的自律性或自足性，而是作品的"文化环境或者宏观的符号环境"（Halliday, 1988a：viii）。我们应该认识到，当早期的韩礼德强调文学作品的自律性和自足性时，我们看到的并非功能文体学的特点，而是与新批评、文学文体学等相类似的形式主义立场。只有在韩礼德将注意力转向文学作品的社会历史语境时，我们才能看到功能文体学的特点。像福勒那样采用功能语法来研究文化环境中的文学作品的学者，像克雷斯那样采用功能语法来研究语言和意识形态之关系的学者，都为这一特点的形成立下了汗马功劳。

4. 性质突出与数量突出

韩礼德（Halliday, 1971）有一个特点，即在理论上轻视违背常规的性质上的突出，重视选择频率上的或数量上的突出。他断言在语法上偏离常规的语言现象"对文体学来说价值十分有限。这种现象很少见，而当它出现时，也常常没有文体价值"（Halliday，1971：336）。他认为重要的是数量上的突出，即作者在有可能进行多种选择的区域坚持频繁采用同一类型的结构（这种规则一致的选择可以构成文本内的常规，但在更大的范围来看，则可能偏离了常规频率），或作者在频率分布上偏离总体语言的常规（这种偏离也可构成某一范围内的常规）。韩礼德对于违背语言常规的性质上的突出的轻视，与文学文体学家形成了对照，后者一般更为重视或同样重视性质上的突出。

有的文体学家以现代派诗歌和小说为分析对象，集中关注作品中违背语法规则的性质上的偏离，忽视符合语法规则的数量上的突出。韩礼德重视数量上的突出，轻视性质上的突出，可以说是对前者的一种回应，但这有矫枉过正之嫌。韩礼德不赞成区分性质上的突出和数量上的突出，认为所有突出形式都可以从数量的角度来解释或者统计。但在笔者看来，区分性质上的突出和数量上的突出有利于把握语言特征的本质。

韩礼德的观点以他对《继承人》的及物性结构的分析为基础。但笔者认为，我们若从性质上的突出这一角度来看问题，就能更好地把握这部小说中及物性模式的文体价值。韩礼德所分析的第一片段中的及物性结构偏离了现代语言的常规，最为典型的例子就是"一根棍子竖了起来，棍子中间有一块骨头……棍子的两端变短了，然后又绷直了。洛克耳边的死树得到了一个声音'嚓！'"。请比较："一个男人举起了弓和箭……他将弓拉紧，箭头对着洛克射了过来。射出的箭击中了洛克耳边的死树，发出'嚓！'的一声响。"不难看出，《继承人》中的文字尽管语法正确，但在概念的形成和表达上明显地偏离了现代语言的常规，这种偏离从本质上说，是性质上的偏离。正是通过这些违反现代常规的经验表达，戈尔丁直接生动地再现了原始人看世界的不同眼光。这绝不仅仅是"一些句法结构被出乎意料地频繁选用"的数量上或频率上的突出。与第一片段形成对照的第三片段中的及物性结构基本符合现代语言的常规，但它的文体价值是寄生在第一片段的偏离之上的，因为它的文体价值恰恰在于与第一片段形成了对照，这一对照反映出人在进化过程中的两个互为对抗的阶段同环境的不同关系和看世界的不同眼光。倘若《继承人》全文中的及物性结构均与第三片段中的一致，那显然它就没有多少文体价值可言。也就是说，即便是在符合语法规则的情况下，区分性质上的突出与数量上的突出，也有利于把握语言特征的本质。就符合语法规则与违背语法规则这两种情况而言，这一区分也就更有必要了。

5. 分析阶段与解释阶段

张德禄（1999：47-48）说，韩礼德的功能文体学理论对文体学的贡献之一为提出了分析阶段与解释阶段两阶段研究过程。分析阶段用以理清素材，从素材中发现可能有价值的成分，解释阶段则用以确定这些选择出的特征（突出特征）是否真的有价值。如果有价值，它就是前景化的文体特征，否则就是无关紧要的。在此，我们不妨比较一下功能文体学家奥图尔（O'Toole，1988：12）的一段评论："文体分析最终促进和加深阐释过程。对语言细节的准确描述和对整首诗及其局部意思的不太准确的直觉理解构成一种辩证运动。这种运动成为'阐释的螺旋形进程'（hermeneutic spiral），它加强和加深我们对语篇的理解。"

我们知道，半个世纪以前，德国文体学家斯皮泽（Spitzer，1948）提出了语言分析与文学阐释之间的"语文圈"（philological circle）：先找出作品中偏离常规的语言特征，然后对其做出作者心理根源上的解释，之后再回到作品细节中通过考察相关因素予以证实或修正。从表面上看，在这一模式中，搜寻语言特征与文学解释是一前一后两步分离的步骤。实际上，斯皮泽认为寻找语言特征的过程不是独立的或盲目的，它受制于批评家以往的阐释经验，是一种有目的、有条件的选择过程。英国文学文体学家利奇和肖特透过表面现象，将斯皮泽的"语文圈"理解为一种"循环运动"：在这种"无逻辑起点"的循环中，"对语言的观察能促进或修正文学见解，而文学见解反过来又促进对语言的观察"（Leech, Short, 1981：13-14；参见申丹，2001：78）。奥图尔是沿着斯皮泽的思路走的，但他认为"阐释的螺旋形进程"这一意象能更好地表达文学直觉与语言分析之间的"穿梭运动"（shuttling process），这一运动向上发展，"没有终结"（O'Toole, 1988：30）。

从论著的页面上看，文体学家往往先对语言细节进行系统、细致的分析，然后才进行解释。但实际上对文本主题意义的阐释贯穿这两个阶段。语言分析这一过程并非脱离阐释的纯语言学分析过程。语篇中，尤其是长篇小说中，语言现象十分繁杂，就数量突出的语言现象来说，也有"纯粹数量众多的语言结构"与"真正的前景化"之分。若要有目的地进行文体分析，就需要先阅读理解文本，抓住可能有文体价值的语言特征来进行系统细致的分析描写，通过分析来加深对文本的理解，理解加深后又可引导进一步的分析。简言之，一方面我们可以区分语言分析阶段与文学解释阶段；另一方面，我们应看到语言分析与文学阐释互为渗透、互为促进，看到两者之间的"循环运动""穿梭运动"或者"螺旋形进程"。

六　功能文体学再思考

参考文献

- 申丹. 有关功能文体学的几点思考[J]. 外国语, 1997(5): 1-7.
- 申丹. 西方现代文体学百年发展历程[J]. 外语教学与研究, 2000(1): 22-28, 79.
- 申丹. 叙述学与小说文体学研究[M]. 北京：北京大学出版社, 2001.
- 张德禄. 韩礼德功能文体学理论述评[J]. 外语教学与研究, 1999(1): 43-49.
- FOWLER R. Literature as social discourse: the practice of linguistic criticism[M]. London: Batsford Academic and Education, 1981.
- FOWLER R. Linguistic criticism[M]. Oxford: Oxford University Press, 1986.
- HALLIDAY M A K. Linguistic function and literary style: an inquiry into the language of William Golding's *The Inheritors*[M]// CHATMAN S. Literary style: a symposium. Oxford: Oxford University Press, 1971: 330-368.
- HALLIDAY M A K. Language as social semiotic[M]. London: Edward Arnold, 1978.
- HALLIDAY M A K. An introduction to functional grammar[M]. London: Edward Arnold, 1985.
- HALLIDAY M A K. Foreword[M]// BIRCH D, O'TOOLE M. Functions of style. London: Pinter, 1988a: vii-viii.
- HALLIDAY M A K. Poetry as scientific discourse: the nuclear sections of Tennyson's *In Memoriam*[M]// BIRCH D, O'TOOLE M. Functions of style. London: Pinter, 1988b: 31-44.
- LEECH G N, SHORT M H. Style in fiction[M]. London: Longman, 1981.
- O'TOOLE M. Henry Reed, and what follows the *Naming of Parts*[M]// BIRCH D, O'TOOLE M. Functions of style. London: Pinter, 1988: 12-30.
- SPITZER L. Linguistics and literary history[M]. Princeton: Princeton University Press, 1948.

七 及物性系统与深层象征意义
——休斯《在路上》的文体分析[39]

1. 引言

　　著名美国学者费什（Fish，1973）发表了《什么是文体学？他们为何将其说得如此糟糕？》一文，对文体学进行了强烈抨击。费什攻击的一个主要目标是文体学研究中的"循环性"，即用语言学理论来分析说明业已知晓的某种文学阐释，因此对了解作品的意义无甚帮助。20多年后，辛普森（Simpson，1997：2-4）也提到，很多文学批评家认为文体学是文学研究的附属物，"文体学'所发现的东西'其实只是对批评家已经知道的东西的补充而已，只是为批评家完全通过直觉而得出的阐释提供一种伪科学的证据——假如需要这种证据的话"。笔者认为，这样的看法失之偏颇，但也有一定道理。其偏颇之处在于误认为"循环性"是文体学的内在特点。其实并非如此，文体分析完全可以读出新意，修正先前的阐释。但确实有不少文体学家未致力于对作品进行新的阐释，而仅仅用文体分析来说明已有的阐释结果。近年来，认知文体学发展势头旺盛，但不少认知文体学家的目的不是提供对作品的新的阐释，而只是说明读者在阐释文本时共享的认知机制、认知结构或认知过程。在《认知文体学》一书的序言里，赛米诺与卡尔佩珀（Semino，Culpeper，2002：x）明

39　原载《外语教学与研究》2006年第1期，4—11页。

确声称："本书大部分章节的一个共同目标是解释（以往的）阐释是如何产生的，而不是对作品做出新的阐释。"即便关注对同一作品的不同阐释，认知文体学家也往往致力于从认知的角度来解释先前的读者为何会对同一文本产生不同的反应（参见Hamilton，2002）。也就是说，涉及的依然是已知的阐释，没有做出新的阐释。斯托克韦尔（Stockwell，2002）试图在某种意义上超越这一框架，但并不成功，因为他的"认知诗学分析"同样聚焦于读者共享的基本阅读机制，而非旨在对作品做出新的解读。

认知文体学系统揭示了很多以往被忽略的大脑的反应机制，说明了读者和文本如何在阅读过程中相互作用。可对于文学批评而言，最重要的是读出新意，读出深度。本文也注重读者认知，但与通常的认知文体学不同，不是从"通常的读者"或"以往的读者"的角度切入，而是采取了一个特别关注文体特征的敏感读者的角度，旨在帮助揭示为"通常的读者"或"以往的读者"所忽略的深层意义。诚然，文学意义以不确定性为特征，文学阐释也是仁者见仁、智者见智。但因为文体分析涉及的是具体语言特征所产生的效果，也就具有了某种可判断性——可以判断分析是否合乎情理。文学作品的意义是多层次、多方面的，文体分析往往只能涉及某一方面，对其他方面的研究构成一种补充。无论文体分析的科学性有多强，意义有多大，有一点可以肯定：若要使文体学成为一种受欢迎的文学批评方法，就必须走出"充实、说明"这一框架。

本文采用的一个主要分析模式是系统功能语法中的及物性系统。这一模式尽管已有近40年的历史，但依然具有较强的生命力。近来，笔者与研究生合作的两篇论文（Ji，Shen，2004；2005）运用这一模式对文学作品进行了新的阐释，分别在英国和美国发表或即将发表，这也为说明这一模式当今在国际上的应用价值提供了一个例证。其实，就文学文体学而言，关键不在于语言学模式是否新颖，而在于语言学模式是否能帮助说明问题。

2.《在路上》的文体分析

兰斯顿·休斯（Langston Hughes）是美国现代著名黑人作家,《在路上》是其最有名的作品之一,故事聚焦于种族关系。作品中出现了全知视角与人物限知视角的交互作用。读者开始时随着全知叙述者观察主人公萨金特,看到他如何于饥寒交迫之中求助碰壁,然后奋力破开了一个教堂的门,结果被警察殴打。这时作品暗暗转换为主人公的限知视角,让读者在不知情的情况下进入了男主人公被殴打致昏后出现的梦幻之境:教堂在他的抗争下轰然倒塌,被钉在十字架上的石雕耶稣获得了自由,与他并肩在雪地上走着……警察的棍棒将他从梦中打醒,这时他和读者才知道,其实他已被捕入狱,但他依然坚持抗争。作品开篇一段是(黑体为笔者所标,后同):

> He was **not interested** in the snow. When he got off the freight, one early evening during the depression, Sargeant **never even noticed** the snow. But he **must have felt it** seeping down his neck, cold, wet, sopping in his shoes. But if you had asked him, he **wouldn't have known** it was snowing. Sargeant **didn't see the snow, not even** under the bright lights of the main street, falling white and flaky against the night. He was too hungry, too sleepy, too tired.

不难看出,"雪"被强烈地前景化。这一段共有六个句子,"雪"不仅占据了其中三句之句尾焦点的突出位置,而且占据了另外一句的主句之末尾焦点的突出位置,还构成了下句的感知对象。开篇第一个小句为及物性系统中的关系过程。对于一个极度饥寒交迫的人而言,究竟是否对雪"感兴趣"似乎是一个太奢侈的问题,因为只有在满足基本温饱的情况下才谈得上对严寒之雪的"兴趣"。这一看似平常的及物性过程实际上偏离了人类经验常规。由于处于篇首又十分简短，加之作者采用了"从中间开始叙述"的手法，这一开篇的断言显得突如其来，在读者的阅读心理中位置显要，作者很可能是在通过语篇上"前景化"和经验表达上"偏离常规"的手法向读者暗示：主人公与"雪"的关系非同寻常。这一段里出现了四个心理过程，其中三个（notice, know, see）否定过程的实现，另一个（feel）则肯定了过程的实现。韩礼德（Halliday, 2004：208-210）将心理过程分为"感知""认知""愿望""情感"四类。其中"认知"和"愿望"属于较高层次的心理过程，而"感知"和"情感"则属于较低层次的心理过程。根据韩礼德（Halliday, 2004：210）对动词的分类，"notice""feel""see"都属于"感知"这一较低的层次。请看下面这一比较版：

> He was so hungry, so sleepy and so tired that he didn't see, didn't feel and didn't notice the snow.

这是符合常规的经验状态。倘若作品仅仅旨在强调主人公极度饥饿、困倦、劳累，按道理应该全面强调其感知的麻木。但文中的描写却明显偏离了这一常规，将实际上属于同一心理程度的"notice""feel""see"分开，一方面肯定主人公感觉到了雪的存在和作用，另一方面又否定他看到或注意到了雪。否定是断然否定（never even; not even），肯定虽然带有猜测性的情态成分（must have felt），但这一心理过程的"现象"本身（it seeping down his neck, cold, wet, sopping in his shoes）含有两个物质过程，其动态性（现在分词加强了动态性）体现出主人公感知的敏锐，也让读者觉得主人公的这一感知过程的确存在。既然主人公感到雪正在顺着他的脖子往里灌，正在浸湿他的鞋子，又怎么会不知道正在下雪呢？在第五段中，再次出现了类似的描述：

> The big black man turned away. And even yet he didn't see the snow, walking right into it. Maybe he sensed it, cold, wet, sticking to his jaws, wet on his black

hands, sopping in his shoes.

在韩礼德的分类中，"see"和"sense"属于同一程度的"感知"心理过程。当感觉依然敏锐，能够"sense"雪的具体作用和动态效果的时候，应该同样能够"see"。但作品再次将属于同一程度的感知过程分化成互为对照的两种心理过程。我们知道，"see"实际上有两个不同的含义：（1）视觉上的含义："discern visually"；（2）认知上的含义："discern mentally after reflection"（参见 *New ODE*，1998：1682）。在描述某人是否能"see"包括雪在内的自然现象的时候，通常仅涉及"see"的视觉含义，不涉及其认知上的含义。作品一再将主人公的"触觉"（feel，sense）与"see"相关联，也自然突出了"see"的视觉含义。但这只是表面现象。由于作品一反通常经验，将"see"与"sense""feel"一再直接对立，因此很可能在暗示"see"具有超出感官层面的意义。主人公的触觉一直活跃，饥寒交迫的状态也一直未变，唯一改变了的是从开始"看不到雪"到后来"看到了雪"，而主人公一旦看到了雪（"For the first time that night he *saw* the snow"——作者用斜体强调了"*saw*"），就开始了对种族歧视的反抗。从这一角度来看，作者很可能通过制造"see"与"sense""feel"的对立，并通过将"see"在语义上与涉及自觉意识的"interested"相关联，并在因果关系上与种族反抗相关联，微妙地从深层激活了"see"的认知含义，暗暗用是否能"see"喻指主人公种族反抗意识是否觉醒。也就是说，作者将文本表层的"感知过程"在文本深层转化为了一个象征性的"认知过程"。这也改变和深化了"雪"的性质。"雪"不仅在文本表层指涉自然现象，而且在文本深层象征性地指涉种族反抗意识的认识对象。就后者而言，主人公一开始就感觉到了"雪"（种族歧视）的存在，但对它"不感兴趣"（从意识上说较为麻木），尚未清醒地"看到"或"认识到"自己的种族反抗对象。在上引片段中，"even yet…walking right into it"是偏离常规的表达：主人公一直在雪里走，并非此时才步入雪中。此前描写的是主人公向白人牧师多塞特求助，然而，未等这位失业黑人开口说话，白人牧师就一口回绝，关上了门。这是作品第一叙述层首次描述主人公遭遇的种族（以及阶级）歧视。主人公径直走入了这么一个歧视的境遇中，但他的反抗意识依然没有觉醒。请比较：

（1）The big black man turned away. And even yet he didn't see the snow, walking right into it.

（2）The big black man turned away and walked into the street. And even yet he didn't see the snow, walking right into it.

在（1）中，"even yet"根据语义和句法逻辑涉及的应该是主人公"turned away"之前所发生的事（即主人公遭到白人牧师的歧视），而同样的词语在（2）中则只可能涉及主人公再次步入雪中。作品中出现的是（1），很可能是为了将"雪"与主人公在第一叙述层上直接遭遇的歧视相关联，将主人公依然看不到"雪"与他的种族反抗意识依然没有觉醒相关联。然而，（1）中的时态为过去时，而非过去完成时，这也为另一种阐释留下了余地。总之，"雪"一方面属于自然现象，另一方面也具有深刻的象征意义。

让我们接着考察一下作品是如何描述白人牧师与"雪"的关系的：

The Reverend Mr. Dorset, however, **saw the snow** when he switched on his porch light, opened the front door of his parsonage, and found standing there before him **a big black man with snow on his face, a human piece of night with snow on his face**—obviously unemployed. Said the Reverend Mr. Dorset before Sargeant even realized he'd opened his mouth: "I'm sorry. No! … No!" He shut the door. Sargeant wanted to tell the holy man that he had already been to the Relief Shelter…. But the minister said, "No," and shut the door. Evidently he didn't want to hear about it. And he *had* a door to shut. **The big black man** turned away. …

　　作品第一段描述的是，虽然主人公可以敏锐地感觉到雪在他身上的作用，但看不到雪——即便在明亮的灯光下也视而不见。第二段一开始则强调白人牧师可以看到雪，通过白人牧师的眼睛看主人公，也一再看到主人公脸上的雪。上引文字倒数第二句为关系过程 "he *had* a door to shut"，其中的 "*had*" 是原文中出现的第一个斜体字（全文中仅有五个表示强调的斜体词）。那么，为何作者要强调这一关系过程呢？正如下文将要分析的，在这一作品中，"door" 具有明显的象征意义，象征种族歧视以及阶级压迫。白人牧师 "*had* a door to shut" 很可能在喻指他必须维护和坚持种族和阶级界限。白人牧师能看到雪，并一再注意到主人公脸上的雪，这同样具有表层和深层的双重意义。在文本表层，他 "看到雪" 属于感知性质，说明他在温饱状态下的正常感官活动。而在文本深层，他 "看到雪" 则象征性地属于认知性质，说明他具有自觉清醒的种族歧视和阶级压迫意识。换个角度，也可以说 "雪" 进一步提醒和加强了他的这种意识（请注意文中重复出现的 "a big black man **with snow on his face**, a human piece of night **with snow on his face**"）。他对雪的反应与主人公形成了鲜明对照，其深层作用显然是反衬主人公种族和阶级反抗意识尚未觉醒。

　　值得注意的是，作品第一段中出现的是故事外叙述者的视角，在指称主人公时，采用的是主人公的名字和第三人称代词。在第二段的开头，视角暗暗转换为白人牧师的视角，让读者直接通过其眼光来观察主人公。不认识主人公的牧师的眼中出现的是 "a big black man"，这是文中第一次点明主人公的种族身份。在视角转换回全知叙述者的之后，叙述者依然采用了这一表达："The big black man turned away"。这一从全知叙述者的角度偏离规约的表达（试比较 "Sargeant turned away"），不仅突出了主人公的种族身份，也使这一指称具有了某种象征意义：主人公是整个黑人种族的代表。从他开始奋力抗争到他的梦境开始的短短半页里，作品中频频出现了具有象征意义的指称词语："the tall black Negro"（全知叙述者的角度）、"the big tall Negro"（全知叙述者的角度）、"A big black unemployed Negro"（白人行人的角度）。与此相对应，叙述者也采用了"white people"来指涉行人，"white cops"来指涉警察，他们联手压制作为黑人代表的主人公，而主人公则奋力抗争。让我们考察一下作品在描述主人公抗争过程时的及物性选择（下画线为笔者所标）。

It [the church] had *two* doors.

Broad white steps in the night all snowy white…

Sargeant blinked. When he looked up, the snow fell into his eyes. For the **first** time that night **he *saw* the snow. He shook his head. He shook the snow from his coat sleeves, felt hungry, felt lost, felt not lost, felt cold.** He walked up the steps of the church. He knocked at the door. No answer. He tried the handle. Locked. (a) He **put his shoulder against the door** and his long black body slanted like a ramrod. (b) **He pushed.** With loud rhythmic grunts, like the grunts in a chain-gang song, (c) **he pushed against the door**…

(d) He pushed against the door.

Suddenly, with an undue cracking and screaking **the door began to give way to the tall black Negro** (e) **who pushed ferociously against it**.

By now two or three white people had stopped in the street, and Sargeant was vaguely aware of some of them yelling at him concerning the door…

"Uh-huh," answered the big tall Negro, "I know it's a white folks' church, but I got to sleep somewhere." (f) **He gave another lunge at the door**. "Huh!"

And the door broke open.

But just when **the door gave way**, two white

cops arrived in a car, ran up the steps with their clubs, and grabbed Sargeant. But Sargeant **for once** had no intention of being pulled or pushed away from the door…

"A big black unemployed Negro holding onto our church!" thought the people. "The idea!"

　　这里的及物性选择与前文中的明显不同。首先，前文在描述主人公的经验时，选择的是心理过程、关系过程、没有目标（不及物）的物质过程，以及未能实现的说话过程。这些过程仅作用于主人公自身，不作用于他人他物。如前所引，上文甚至略去了主人公敲开白人牧师家门的动作，而是直接描述白人牧师开灯开门之后，发现主人公站在那里。读者看到的是一个完全被动、无能为力的人物。然而，主人公一旦看到了雪，作品中就出现了有目标的物质过程："He shook his head. He shook the snow from his coat sleeves, felt hungry, felt lost, felt not lost, felt cold"。主人公饥寒交迫的状态并未改变，但他开始作用于外界，抖掉了身上的"雪"。而因为"雪"在某种意义上象征种族歧视，这可视为主人公种族反抗的前奏。这里出现了直接对立的两个心理过程"felt lost, felt not lost"，这既可视为一种矛盾状态，又可视为一个改变过程（先"felt lost"，然后"felt not lost"）。因为"felt not lost"出现在后，形成对"felt lost"的否定，因此在一定程度上肯定了主人公的自觉意识；在象征意义上，这标志着他的种族反抗意识的初步觉醒。此时的主人公一反过去的被动，开始了对命运的抗争，对种族压迫的反抗。他发现教堂的门锁着之后，不是转身离开，而是用肩膀去顶教堂的门："He put his shoulder against the door and his long black body slanted like a ramrod"。有趣的是，主人公的身体被冬装包裹，根本看不到颜色，作品却采用了"his long black body"这样的表达法，显然意在突出种族界限（"black Negro"和"black unemployed Negro"中的"black"也显然是用于突出种族界限的赘词）。作品采用了"ramrod"这一用于描述枪身的词语来形容主人公的"black body"，很可能在借枪这一武器来喻指种族反抗。值得注意的是，基督教义宣传上帝的子民人人平等，但通过主人公之口，教堂被界定成"a white folks' church"（路过的白人则说是"our church"），作品的景物描写也特别突出了教堂的白色。雪的白色、教堂的白色、白人的白色相互交织，构成一个象征性的白色歧视黑色的世界。

在上引片段中，标下画线的三个段落均由一个短句组成，因此在读者的阅读心理中占有突出位置。这三个段落组成了一个三部曲：

> The church had two doors. —He pushed against the door. —The door broke open.

中间一环是叙事的主体，由重复出现的表达主人公推撞大门行为的物质过程不断加强：

(1) He put his shoulder against the door

(2) He pushed [against the door].

(3) he pushed against the door…

(4) He pushed against the door.

(5) [he] pushed ferociously against it.

(6) He gave another lunge at the door.

在这么短的篇幅内用六个物质过程重复表达主人公同样的行为显然偏离了表达常规，使主人公推撞教堂之门的动作前景化，象征着黑人对白人种族歧视的奋力反抗。这六个表达类似经验的物质过程呈现出一种递进关系，体现出作者对及物性系统的精心选择。（1）过程描述的是主人公顶着门的状态（犹如子弹上了膛的枪）；（2）（3）（4）这三个重复出现的同一物质过程涉及的是推撞门的动作，它们相互呼应、相互加强，突出体现了主人公锲而不舍的反抗精神；（5）过程中的"ferociously"强调了动作的强度；而（6）过程中的"lunge"则强调了动作的突然爆发。

此外，上引片段的第一句为占有性质的关系过程，占有对象"*two* doors"中出现了文中的第二个斜体词。这个表示强调的修饰语"*two*"很可能有两方面的象征含义：（1）两种界限和歧视——种族和阶级（涉及主人公作为黑人和失业工人的双重身份）；（2）压迫深重，难以推翻。主人公奋力撞开了第一道门，却马上被捕入狱，未能撞开第二道门。尽管在狱中他坚持抗争，对着狱警一再大喊"I'm gonna break down this door, too"，但未能付诸实施。白人牧师对主人公的歧视是通过断然关上大门来体现的，白人警察对主人公的压迫也体现于用牢门将他禁锢（"locked up behind a cell door"）。而主人公的反抗则体现于奋力撞开教堂的一道门，以及晃动和想撞开监狱的牢门。主人公向往的安身之所也是一个"无门"之地。

3. "隐含作者"和真实作者

兰斯顿·休斯自己在谈到这一作品的创作时，未涉及文体层次上的象征意义。他说："我是在雷诺（Reno）写的这篇故事，描述的是四处漂泊的黑人普通工人如何在寻求救济时遭到歧视。这纯粹是想象，但也源于我在雷诺的经历……我看到忧愁的人们如何挨饿，看到教堂如何不起作用。"（转引自Emanuel, 1967：92；参见McLaren, 2003：282）休斯还强调说："我想到的仅仅是（All I had in mind was）寒冷、饥饿、夜里一个陌生的城市，当地居民没有太受冻挨饿，一个名叫萨金特的黑人流浪汉顶着白雪，面对冰冷的脸、坚硬的门，想去某个地方，但实在太累太饿了。他被人打倒，困在地上，就像耶稣也被这些人用严格的程式困在人造的十字架上。"（转引自Berry, 1983：224）不少西方学者对这一作品的解读聚焦于男主人公的境遇，在很大程度上忽略了文体层面上的象征意义（参见Meltzer, 1968：188-189；Mullen, 1986：81；Bone, 1988；Miller, 2002：6），这很可能与修斯自己对该作品就事论事的介绍不无关联。按照修斯自己的描述，这仅仅是一个客观反映黑人如何受难的作品。然而，通过深入细致的文体分析，却可发现作品中的语言特征所表达的丰富象征意义。就《在路上》这一作品而言，真实作者自己的介绍与文本实际并不吻合，这在某种意义上可视为"真实作者"与"隐含作者"之间的对照。"隐含作者"（implied author）是布斯在《小说修辞学》（Booth, 1961）中率先提出来的概念，在当代学界产生了较大影响。所谓"隐含作者"就是隐含在作品中的作者形象，它不以作者的真实存在或者史料为依据，而是以文本为依托。"真实的"休斯聚焦于对情节的就事论事的介绍与我们所发现的作品语言丰富的象征意义之间存在较大距离。也就是说，文体分析可帮助我们更好地了解"隐含作者"（文本本身）与"真实作者"（休斯自己的介绍）之间的相异之处。但"隐含作者"毕竟是"真实作者"的第二自我和创造物，与"真实作者"关联密切。生活中的休斯曾长期访问苏联，受马克思主义影响甚深，注重描写和唤醒黑人的反抗意识（Bone, 1988：261-267）。本文的文体分析也从一个侧面证实了"隐含作者"与"真实作者"在这方面的关联。

4. 结语

本文旨在说明，若要更好地把握作品本身（"隐含作者"）的艺术性，尤其是象征性，往往需要进行深入细致的文体分析。有的西方批评家也注意到了这一作品中的词语意象，但对这些意象的理解基本限于文本的表层。譬如，伊曼纽尔（Emanuel, 1967：95-96）观察到了文中词语意象的重复："门"（出现了28次）；"雪"（21次）；"石头"（12次）；"黑色"（9次）；"推"（8次）；"冷"（7次）；"白色"（6次）；"困倦"（6次）……她对此评论道："从中可以看出意象的范围——视觉、听觉、触觉、联觉——修斯创造了一个完整的画面，一个排斥、束缚、压制、寒冷的环境。萨金特的世界是大门紧闭，充满潮湿的雪花和冰冷的石头的世界。"另一位批评家博恩（Bone, 1988：267-268）观察到了作品中白色与黑色的对照——夜幕中的降雪或黑色皮肤上落的白色雪花——衬托了故事中的种族含义。这些批评家从读者看"雪"这一固定、单一的角度来静态地观察"雪"，完全忽略了主人公在双重心理（表层的感知和深层的认知）层次上对"雪"呈动态变化的反应，以及"雪"相对于黑人主人公和白人牧师的不同象征意义。通过对作品的及物性选择以及相关文体特征进行深入细致的考察，我们发现"雪"这一意象既超出了感官这一层次，又不仅静态地指涉种族之分中的白人一方，而是有更为深刻和复杂的主题性象征意义。对于主人公这位黑人代表来说，"雪"是黑人种族反抗意识的认识对象，他从"看不到雪"到"看得到雪"的变化过程是他的种族反抗意识觉醒的过程。但相对于牧师这位白人代表而言，"雪"则与"门"紧密相连，是白人所捍卫的种族歧视和阶级界限的提醒物和加强剂。

中外学界以往运用及物性系统进行的文体分析聚焦于不同种类的及物性过程之间的对照，没有关注作者如何利用和分化属于同一层次的及物性过程来达到特定的主题效果。本文对休斯在"心理过程"中的"感知过程"内部的选择所展开的分析属于一种新的分析层面，希望有更多的人在进行及物性系统分析时更为关注作者的一些微妙选择，包括在同一种及物性过程内部制造的对照或对立，揭示这些文体选择所传递的深层主题意义。无论聚焦于作品的哪些方面，倘若文体分析能够不断得出具有一定新意和深度的阐释结果，相信文学批评界会改变对它的成见，将之视为一种有价值的文本分析方法。

参考文献

- BERRY F. Langston Hughes: before and beyond Harlem[M]. Westport: Lawrence Hill, 1983.
- BONE R. Origins of the Afro-American short story[M]. New York: Columbia University Press, 1988.
- BOOTH W C. The rhetoric of fiction[M]. Harmondsworth: Penguin Books, 1961.
- EMANUEL J A. Langston Hughes[M]. Boston: Twayne Publishers, 1967.
- FISH S. What is stylistics and why are they saying such terrible things about it?[M]// CHATMAN S. Approaches to poetics. New York: Columbia University Press, 1973, reprinted in FREEMAN D C. Essays in modern stylistics. London: Methuen, 1981: 53-78.
- HALLIDAY M A K, Matthiessen C M I M. An introduction to functional grammar[M]. 3rd ed. London: Arnold, 2004.
- HAMILTON C. Conceptual integration in Christine de Pizan's *City of Ladies*[M]// SEMINO E, CULPEPER J. Cognitive stylistics. Amsterdam: John Benjamins, 2002: 1-22.
- JI Y L, SHEN D. Transitivity and mental transformation: Sheila Watson's *The Double Hook*[J]. Language and Literature, 2004, 13(4): 335-348.
- JI Y L, SHEN D. Transitivity, indirection, and redemption: Sheila Watson's *The Double Hook*[J]. Style, 2005, 39(3): 348-361.
- MCLAREN J. The collected works of Langston Hughes: Vol. 14[M]. Columbia: University of Missouri Press, 2003.
- MELTZER M. Langston Hughes[M]. New York: Thomas Y. Crowell Company, 1968.
- MILLER R B. The collected works of Langston Hughes: Vol. 15[M]. Columbia: University of Missouri Press, 2002.
- MULLEN E J. Critical essays on Langston Hughes[M]. Boston: G K Hall, 1986.
- PEARSALL J. The new Oxford dictionary of English[Z]. Oxford: Clarendon Press, 1998.
- SEMINO E, CULPEPER J. Cognitive stylistics[M]. Amsterdam: John Benjamins, 2002.
- SIMPSON P. Language through literature[M]. New York: Routledge, 1997.
- STOCKWELL P. Cognitive poetics[M]. London: Routledge, 2002.

第三部分

翻译学研究

导　言

　　"形式对等"（formal equivalence），又称"形式对应"（formal correspondence），是我国学者十分熟悉的美国著名翻译理论家奈达在20世纪60年代提出的概念。多年来，这一概念在国际和国内翻译学界被广为引用，产生了很大影响。本部分的第一篇论文（发表于《外语教学与研究》1997年第2期）揭示出"形式对等"实为"逐词死译"的当代名称，所谓"形式对等"的翻译仅仅翻译了一个语言层面，是部分翻译；译文中的语法结构实际上是未经翻译的源语中的形式结构，而不是目的语中对等的或对应的形式。这篇论文还通过对习语翻译的探讨，进一步分析了所谓"形式对等"翻译的实质，并剖析了造成这种译法的历史上和认识上的原因。该文指出，要达到真正的形式对等，必须用目的语中的对应形式结构来替代源语中的形式结构，这是一种全译形式。有关翻译"忠实性"的探讨应在全译形式之间展开，而不应在"逐词死译"（部分翻译）和"意译"（全译）之间展开。这篇论文有一英文的姐妹篇 "Literalism: NON 'formal-equivalence'"，发表于国际译协的会刊 *Babel: International Journal of Translation* 1989年第4期首篇位置。香港中文大学翻译系的 Chan Sin-wai 教授读到该文后，邀请笔者为他和 David E. Pollard 合编的 *An Encyclopaedia of Translation*（香港中文大学出版社2002年出版）撰写了五千英文单词的长篇词条 "Literalism"。这说明我们不应迷信广为接受的权威观点，而应深入细致地考察相关概念，透过现象抓住问题的实质。

20世纪60年代，翻译研究和文体学研究在西方几乎同时开始兴盛，但两者在相当长的时间里，各行其道，几乎未发生什么联系。中国在经过多年的政治批评之后，自改革开放以来，标举客观性和科学性，给文体学提供了很好的发展土壤，翻译研究也得到快速发展。但总的来说，中国学术界对文体学在翻译学科建设中的作用也认识不足。本部分第二篇论文（发表于《中国翻译》2002年第1期）认为，就我国的翻译学科建设而言，实用性强、较易掌握的文学文体学十分值得重视。该文指出，在翻译小说时，人们往往忽略语言形式本身的文学意义，将是否传递了同样的内容作为判断等值的标准；而这样的"等值"往往是"假象等值"，即译文与原文看上去大致相同，但文学价值或文学意义相去甚远。该文指出，深入细致地分析文体，可以有效解决小说翻译中的很多问题，尤其是"假象等值"的问题。该文选取了一些有代表性的翻译实例，通过对不同层次的文体价值展开深入细致的分析，来探讨文学文体学在翻译学科建设中的作用。据中国知网的数据，截至2019年10月17日，这篇论文已被引用267次。笔者在国际上也发表了一系列论文，从不同角度说明文体学在翻译研究中的重要性。*The Routledge Handbook of Literary Translation*（2019）的两位美国主编Kelly Washbourne和Ben Van Wyke读到我在国际上这方面的发表后，于2016年发来电邮，邀请我撰写该书的"Stylistics"一章。这从一个侧面说明国际译学界现在已较好地认识到文体学在文学翻译中的作用。

八　论翻译中的形式对等[40]

1. "形式对等"概念的提出

"形式对等"（formal equivalence），又称"形式对应"（formal correspondence）[41]，是美国著名翻译理论家奈达（Nida）1964年在《试论翻译科学》一书中提出的概念。30余年来，这一概念在国际翻译理论界被广为引用，产生了较大影响。

奈达认为，"译者在翻译时必须在可能的范围内争取找到最接近原文的对等成分。然而，有两种完全不同的对等类型：一种可称为形式上的对等，另一种则主要是动态的对等。形式对等将注意力集中于信息本身的形式与内容。在这样的翻译中，译者关心的是诗歌与诗歌之间、句子与句子之间、概念与概念之间的对等。从形式对等的角度出发，译者力求使接受语中的信息尽可能地接近源语中的各种成分。这意味着译者会不断地将接受文化中的信息与源文化中的信息相比较，以确定达到准确的标准"（Nida，1964：165）。这样一种力求"使接受语中的信息尽可能地接近源语中的各种成分"的翻译应该能较好地传递原文中的意思，但奈达却说，"在形式对等的翻译中，形式（句子结构

40　原载《外语教学与研究》1997年第2期，34—39，80页。

41　在NIDA E A & TABER C R 1969年出版（1982年再版）的 *The Theory and Practice of Translation* (Leiden: Brill) 一书中，"形式对等"这一提法被"形式对应"这一提法所取代，两者的所指完全相同。

以及词的类别）得到了保留，而意思却被丧失或被扭曲"（Nida, Taber, 1969：173）。这两段话显然是自相矛盾的。为何会出现这样自相矛盾的现象呢？要回答这一问题首先必须弄清"形式对等"的本质（参见Shen, 1989）。

2. "形式对等"的实质内涵

所谓"形式对等"就是将源语中的结构原封不动地照搬入目的语。奈达对"形式对等"的译法作了如下具体阐述：

> 形式对等的翻译基本上是以起始语言为中心的，它以最大限度地显示原文中的形式与内容为目的。它努力再现好几种形式因素，包括：（1）语法单位，（2）词的用法上的一致性，（3）源语语境中的意思。再现语法单位这点可表现为：（a）用名词来翻译名词，用动词来翻译动词等；（b）保留所有短语和句子的完整性（不打乱也不重新调整句法单位）；（c）保留所有形式上的标记，例如标点符号，分段记号及诗歌中的缩格等。（Nida, 1964：189）

我们不妨举一个简例来具体说明何谓句法上的"形式对等"。在意大利语中，谓语动词往往置于主语之前。如果要表达"玛丽买了一本书"这个意思，意大利语中的句子形式就会是"Ha comprato（谓词）Maria（主语）un libro（宾语）"。若将这个意大利句子译成中文，要达到奈达所说的"形式对等"，就必须再现原文中的句法结构（即"不打乱也不重新调整句法单位"）：

Ha comprato（谓词）Maria（主语）un libro（宾语）．

买了　　　　　　玛丽　　　　　一本书。

这种译法有违汉语语法，所以原文中的意思自然会扭曲。笔者认为这种译法根本不是真正的形式上的对等。为了了解"形式对等"这一概念的本质，让我们来看看下面图表中两种不同的对等关系。

假设有 X 与 Y 这两个相互对等的系统：

可以说，X 系统中的 A、B、C、D 分别与 Y 系统中的 F、G、I、J 对等。然而，如果 Y 系统中不存在与 X 系统相对应的成分，例如：

那么，在 Y 系统中，与 X 系统中的 A、B、C、D 相对等的成分只能是照搬过来的 A′、B′、C′、D′：

值得强调的是，如果 Y 系统中已存在与 X 系统相对等的成分，我们就不能无视 Y 系统中已有的对等成分，而将照搬过来的"A′、B′、C′、D′"视为 Y 系统中的对等成分：

（4）X:　　A　　B　　C　　D
　　　　　 │　　│　　│　　│
　　Y:　(F)　(G)　(I)　(J)
　　　　　 A′　 B′　 C′　 D′

这里反映出来的正是语法结构上"形式对等"的实质。所谓"形式对等"就是将源语中的语法结构照搬入目的语。如果目的语中不存在相对应的语法结构，这样的照搬就确实达到了形式对等。然而，众所周知，任何一种语言都是一个有规则的系统（a patterned system），都具有对应于其他语言的语法结构，例如汉语中的"主·谓·宾"结构就与意大利语中的"谓·主·宾"结构相对应。在意译中时，要达到真正的形式对等，就必须用汉语中的"主·谓·宾"结构来翻译意语中的"谓·主·宾"结构。如果无视汉语中的对应结构，将意语的词序照搬过来，将"Ha comprato（谓词）Maria（主语）un libro（宾语）"译为"买了（谓词）玛丽（主语）一本书（宾语）"实质上就是仅翻译了原文中的词，而没有用汉语的句法结构来替代原文的句法结构。不难看出，奈达提出的"形式对等"实际上是一种"部分翻译"形式。卡特福特（Catford, 1965）对于部分翻译或"有限翻译"（restricted translation）下了个定义：

> 仅在一个层次上用目的语中对等的文本材料（textual material）来替代源语中的文本材料……仅就语法和词汇这两个层次中的一个层次进行翻译。（Catford, 1965：22）

他对通常的翻译或全译（total translation）下的定义是：

> 用目的语中对等的语法结构和词汇来代替源语中的语法结构和词汇……（Catford, 1965：22）

卡特福特之所以将仅仅翻译词汇的译法视为部分翻译，是因为语言不是零散词的集合体，而是一个有规则的系统；语法结构是语言不可分割的一部分。为了弄清这一点，我们不妨再看看两个"形式对等"的例子：

> (1) indeed/verily for not made-glorious/glorified-has-been-it the/that-which made-glorious/glorified-has-been in this the case-respect on-account-of/by-reason-of the surprising glory/splendor（从希腊文译入英文，原文略）（Nida, 1964：159）

(2) He reads aloud in the open every morning.

不难看出，在例（1）的译文中，出现的是英文的词和希腊文的语法结构；在例（2）的译文中，出现的则是英文的词序。因为语法结构对于意思的表达起着重要作用，倘若在翻译中，不顾目的语中对应结构的存在，不用目的语中的语法结构来替代源语中的语法结构，意思就难免会在不同程度上"被丧失或被扭曲"（除非这两种语言碰巧具有基本相同的语法结构）。我们必须认清奈达所说的"形式对等"的翻译实质上是仅仅翻译了一个语言层次的部分翻译；这样的译文中的语法结构实际上是（未经翻译的）源语中的形式结构，而不是目的语中的对等或对应形式。这种部分翻译法具有一定的实用价值，它能促使目的语逐渐吸取一些源语中特有的语法结构。

3. 从习语的翻译看"形式对等"的本质

为了进一步弄清"形式对等"这一概念的本质，我们需要探讨一下对习语的翻译。奈达说："为了再现习惯用语在起源语语境中的意思，形式对等的翻译一般都避免对它们作任何调整，而是多少拘泥于字面地将它们翻译过来"（Nida，1964：165）。问题是：字面翻译究竟是否能再现习惯用语在源语语境中的意思呢？要回答这一问题，首先需要了解习语的实质。奈达指出习语的实质在于其语义的离心性。一个习语的组成从根本上来说就相当于一个词的组成：

> 在 boy、girl、dish、newt、snow 这样的词中，组成它们的字母根本不能反映出它们的所指。同样，在很多由词组成的短语中，短语的意思也不能或基本不能由其中的词反映出来。例如，希伯来语里"洞房的孩子"这一习语指涉的是婚礼上的来宾，尤其是新郎的朋友。但从它的组成成分里根本看不出这个意思。各种各样的习语都属于这种情况。……

> 这类表达法的意思不能根据它们的组成成分来决定，它们构成词汇单位。……在对这样的单位进行语义分析时，必须把一个单位当成一个词来看待。
>
> （Nida, 1964：95）

　　既然组成习语的字与组成词的字母一样无法反映出整个词汇单位的意思，将习语按字面翻译又怎么能再现它在起始语境中的意思呢？譬如，将奈达提及的那个希伯来习语按字面译为"洞房的孩子"难道能够在汉语里再现"婚礼上的来宾，尤其是新郎的朋友"这一源语语境中的意思吗？

　　然而，按字面来翻译习语与按字母来译词并非完全相同。首先，与毫无意义的字母相对照，习语中的字毕竟能表达一定的意思。譬如，将"翘辫子"这几个字译入英语，尽管根本表达不出"死去"这个源语语境中的所指，但其本身毕竟还是一个较为生动的形象。此外，不少习语中的词的意思与习语的所指并非完全无关。例如奈达提到的那个希伯来习语中的词"洞房的孩子"虽然不能直接指涉"婚礼上的来宾，尤其是新郎的朋友"，但至少与婚礼有所关联。更重要的是，与字母相对照，习语中的字往往带有一定的文化色彩。例如，同样是表达"死去"这一概念，汉语的习语为"翘辫子"，法语为"casser sa pipe"（打破烟斗），英语为"kick the bucket"（踢桶）。这些表达同一所指的不同能指是与产生它们的不同文化紧密相关的，多少体现了一点这些文化中的民间智慧。如果能在采用注释等方式让目的语的读者了解其所指的前提下将这些能指成分译入目的语，就能促进目的语读者对这些文化因素的了解。此外，这些习语还有可能被目的语吸收，从而给目的语有效地提供为斯坦纳所称许的"意义上的能量"（Steiner, 1975：303, 261-262, 28）。

　　那么，将习语按字面译入目的语是否能达到"形式对等"呢？在回答这一问题之前，让我们先看看纽马克说的一段话：

> 词不是某种东西，而是指涉东西的符号……在语境中的词则既不是东西，也不同于零散单个的字

符，而是一个大的符号的组成成分，这个符号可以
是一个短语、一个小句或是整个句子。（Newmark,
1981：84）

也就是说，在语境中，单个的词已往往不能单独作为符号来指涉东西，而
只能作为符号的组成成分起作用，习语可以说是较为典型的例子。奈达指出：
"'形式对等'的译法通常努力达到所谓'用词上的一致性'，也就是说，在翻
译一个文件时，总是一个一个地用目的语中的词来对应于原文中的词。这样的
原则当然有可能走向荒唐的极端，翻译出来的东西只是没有多少意义的一串串
的词而已"（Nida, 1964：165）。且以英文中的"give in"这个短语为例，当要
将它译成汉语时，要达到"形式对等"就须根据这两个字的通常意义将它们译
为"给＋进"，而按照整个短语作为一个符号所表达的意思，则应译为"投降"
或"屈服"等。不难看出，在翻译包括习语在内的词语时，所谓"形式对等"
的译法，就是无视词在语境中的特定意义，将它们当成脱离语境的单个的字符
来看待，按照它们的常用意义进行翻译。也就是说，将单个词的常用意义当成
了"形式"，而将其在语境中的意义视为"内容"。这种形式与内容的区分显然
站不住脚，因为字的通常意义根本不是"形式"，而是字在特定语境之外所具
有的"内容"。像这样排斥语境的译法也根本无法达到翻译中的"对等"。卡特
福特对于翻译中的对等下了这么一个定义："如果源语和目的语的文本或某种
成分在一个特定的语境中可以换用，它们就达到了翻译中的对等。这就是为什
么翻译中的对等几乎总是建立在句子这一层次上——句子是与语境中的言语功
能最直接相关的语法单位。"（Catford, 1965：49）值得一提的是，当源语和目
的语的差异超出了单个句子的范畴时（例如英文的主从结构与汉语的并列结构
之间的差异常常超出单个句子的范畴），翻译中的对等就必须建立在句子以上
的层次上（参见Shen, 1989：233）。

现在我们已较为全面地看到了奈达"形式对等"这一概念的真正内涵：就
语法结构来说，所谓"形式对等"就是无视目的语中对应结构的存在，将源语
中的语法结构原封不动地移植入目的语。这仅仅是将源语中的结构保留不译而

已，并不是目的语中的对应或对等形式。就习语等词语来说，所谓"形式对等"就是无视词在语境中的意义，只是按照其通常的意思来逐个进行翻译。在这样的翻译中，意思自然会"被丧失或被扭曲"。

4. 造成"逐词死译"的历史和认识上的原因

虽然"形式对等"这一概念在20世纪60年代才面世，但它的所指却已有两千多年的历史。众所周知，"形式对等"实际上是由来已久的"逐词死译"或"逐词硬译"的当代名称。为何会产生这种译法呢？既然它只是一种部分翻译法，为何会一直被误认为是一种全译形式呢？为何未经翻译的起始语言中的句法结构会一直被误认为是目的语中的对等或对应形式呢？笔者认为这主要有三方面的原因。首先是历史上的原因。在历史上，语言作为有规则的系统的本质被忽略或被掩盖，人们倾向于将语言看成字的集合体。因此，在翻译时，只是在目标语中找出有关的词，将这些词按照原文中的结构进行排列。此外，在宗教翻译中，译者往往将源语视为优越或神圣的语言，因此无视目的语特有的语法结构，只是一味遵从源语中的句法及其他形式特征（参见Kelly，1979：207；Nida，1964）。

除了历史原因外，还有认识上的原因。如前面图表所示，一般存在两种不同的对应或对等关系，这两种关系实际上无法并存。只要在目的语中能找到对应于起始语的成分，那么我们就不能将照搬过来的源语中的成分视为目的语中的对应成分。在翻译词语时，人们往往能清楚地意识到这一点，因此不会有人将照搬入汉语的意语词"libro"误认为是汉语中的对应词。但在句法结构上，人们却极易混淆，容易将照搬入汉语的"谓词·主语·宾语"结构误认为是汉语中的对等形式。其实，这个结构与"libro"一样均属于意语，根本不是汉语中的成分。

另一认识上的原因与译者想再现原作者的风格有关。凯利指出，"除科技翻译之外，严格的'形式对等'译者常常有一种信念：风格如其人"（Kelly，1979：179）。这些译者往往不将原文特有的形式特征与源语的形式特征区分开来，而是将它们统统搬入目的语以保留原作者的风格。这两种形式特征实际上截然不同：源语的形式特征需依据其他的语言系统来判断，而原文特有的形式特征则需依据本语言中（以及本体裁中）的其他文本来界定。譬如，与汉语中的"主·谓·宾"结构形成对照，"谓·主·宾"结构可视为意语的句法特征，但此结构在意语中人人使用，属于常规惯例，根本无法反映原作者的风格。译者若将这个意语结构照搬入汉语以传递原作者的风格，恐怕只会事与愿违，因为假如原作者用汉语写作，无疑会采用汉语中的"主·谓·宾"结构，而不会去用属于意语特点的"谓·主·宾"结构。如果说"风格如其人"，照搬过来的源语特征非但不能反映作者的形象，反而只会将其扭曲。与源语的特征相对照，原文特有的形式特征确实是作者的个人选择，能反映出作者的思维方式和特定风格。但若想将这种风格传入目的语，也必须将有关特征译成目标语中相对应的语言成分。因为原文特有的风格是在与源语中其他文本的对照中形成的，而目的语中的读者只有目的语中的文本作为参照系，因此译者必须根据目的语中的文本作出判断，假如原作者在目的语中写作，他会选择何种语言成分来表现出同样的风格，然后据此进行翻译，只有这样才能在目标语中再现原作者的风格。不难看出，以为将原文中所有的形式特征照搬入目标语就能再现原作者的风格的想法是错误的。这种错误的概念对"形式对等"的译法起了推波助澜的作用。

就对习惯用语的翻译而言，"形式对等"的译法很可能与译者未能意识到"语境中的词既不是东西，也不同于零散单个的字符，它是一个大的符号的组成成分"这点有关。

此外，还存在以下几种更为客观的原因，它们对"形式对等"的译法也起了推波助澜的作用。首先同族语言在形式结构上往往较为接近。其次在不同语言之间一般也存在一些对应的或类似的形式结构，尤其是主要的句法结构。我们知道，大多数语言都是"主语+谓语+宾语"这样的句法结构。上文中列举了意大利语中的"Ha comprato Maria un libro（玛丽买了一本书）"这个把谓语动词放在主语前面的例子。也许有人会说，翻译中一般不会出现这样荒唐的情况。实际上，这只是因为语言之间的差别一般没有这么大，通常都是"主+

谓+宾"这样的句法结构。但我们应该认识到，荒唐的程度仅仅是一个量的问题。如果照搬原文中的语法结构，不用目的语中相应的语法结构来替代，性质都是一样的，即将源语中的语法结构移植进了目的语，没有对其进行翻译。实际上，奈达自己所举的所谓"形式对等"的例子就颇为荒唐，因此他才会说"在形式对等的翻译中，形式（句子结构以及词的类别）得到了保留，而意思即被丧失或被扭曲"。另外一种使"形式对等"的译法得以生存的原因是，在翻译古典或宗教论著时，佶屈聱牙的效果有时能增加语言的庄严性。再者，在译诗时，因为诗歌本身的句法常常标新立异，句法上的不顺较易被接受。

5. 翻译中真正的形式对等

在全译形式中，存在着真正的形式对等的翻译。我所说的"真正的形式对等"就是（尽量地）用目的语中的对应形式结构来替代源语中的形式结构，譬如用汉语中的"主·谓·宾"结构来替代意大利语中的"谓·主·宾"结构，或者用"他每天早晨在露天大声朗读"这样对应的汉语词序来替代英文中的词序"He reads aloud in the open every morning"。倘若目的语与源语在结构形式上碰巧没有差别，那么译文中出现的结构形式就会跟原文中的一样。与这种译法形成对照的是不顾原文中形式结构的译法，即为了特定的实用目的或者为了表达原文的内涵而忽略形式结构上的对应。采用了形式对等译法的译文，倘若采用同样的方法再译回源语，在形式结构上则一般会跟原文大相径庭。这两种译法之间的差别在文学翻译尤其是诗歌翻译中较为明显。在这类翻译中，原文的内涵不能完全由表达层词汇和语法结构表达出来。如果一味追求形式结构上的对应，很可能达不到"神似"。但倘若忽略形式结构上的对应，译文与原文在表层相去甚远，又容易令人感到对原文不够忠实。如果说严格的（真正的）形式对等的译法与完全不顾原文形式的译法属于两个极端的话，在这两者之间存在着非极端形式。所有这些都是全译形式（奈达提出的"动态对等"属于其中一种），究竟哪种（全）译法更佳或更忠于原文，值得继续探讨。

由于西方《圣经》翻译的传统，"逐词死译"的译法在西方的影响远远大于国内。国内一般无人通篇采用"逐词死译"的方法，但将原文中的某些语序或其他句法结构移植入中文的现象则可谓屡见不鲜，以至于译文读起来半洋半中，干涩不通。长期以来，人们一直认为这种移植体现了对原文的形式结构的忠实，奈达的"形式对等"论也在理论上为这种想法提供了支持。从文本的分析可以看出，这种想法是不切实际的，因为照搬原文的句法结构的所谓"忠实性"只是在于将原文的形式结构保留不译。倘若保留不译就是忠实，那翻译本身也就没有理由存在了。毋庸置疑，由于语言之间的差异，将源语的形式照搬入目的语常常会使意思在一定程度上被扭曲。只有认清了这一点，我们才能避免实践中的盲目性，避免理论上不必要的争论和混乱。

参考文献

- CATFORD J C. A linguistic theory of translation[M]. London: Oxford University Press, 1965.

- KELLY L G. The true interpreter[M]. Oxford: Blackwell, 1979.

- NEWMARK P. Approaches to translation[M]. Oxford: Pergamon Press, 1981.

- NIDA E A. Toward a science of translating[M]. Leiden: Brill, 1964.

- NIDA E A, TABER C R. The theory and practice of translation[M]. Leiden: Brill, 1969.

- SHEN D. Literalism: non "formal-equivalence"[J]. Babel: international journal of translation, 1989, 35(4): 219-235.

- STEINER G. After babel: aspects of language and translation[M]. London: Oxford University Press, 1975.

九 论文学文体学在翻译学科建设中的重要性[42]

1. 引言

中国和西方的文体研究可谓源远流长。但在国内，传统上对文体的讨论一般不外乎主观印象式的评论，而且通常出现在修辞学研究、文学研究或语法分析之中，没有自己相对独立的地位。在西方，20世纪以前也是这种情况，随着现代语言学的发展，文体学才逐渐成为一个具有一定独立地位的交叉学科。但在20世纪上半叶，文体学的发展势头较弱，而且主要在欧洲大陆展开，当时在英美盛行的是新批评。新批评在20世纪中叶衰落以后，文体学在西方全面展开，呈现出了较强的发展势头。俄国形式主义、布拉格学派和法国结构主义等均对文体学的发展做出了贡献。20世纪60年代初以来，转换生成语法、功能语言学、社会语言学、话语分析、言语行为理论、关联理论等各种语言学研究的新成果以及巴赫金的对话理论、女性主义批评、新历史主义、文化研究等各种新的文学批评方法被逐渐引入文体学，扩展了文体学研究的广度和深度。改革开放以来，西方文体学被引入国内，对国内的文体研究，尤其是外国文学界的文体研究，起了较大的促进作用，但总的来说，学术界对文体学在翻译学科建设中的作用仍不够重视。

---

42 原载《中国翻译》2002年第1期，11—15页。

就我国目前的翻译学科建设而言，文学文体学十分值得重视（参见Shen，1998；申丹，2001）。文学文体学特指以阐释文学文本的主题意义和美学价值为目的的文体学派。它是连接语言学与文学批评的桥梁，注重探讨作者如何通过对语言的选择来表达和加强主题意义和美学效果。这一文体学派仅仅将语言学视为帮助其进行分析的工具，不限于采用某种特定的语言学理论。文学文体学的分析方法可操作性比较强，容易掌握，适合引入翻译学科。本文旨在通过对一些具有代表性的实例的分析，来探讨文学文体学在小说翻译学科建设中的作用。

2．文学翻译与非文学翻译的不同

有的翻译理论家对文学文体的认识停留在表面层次。在Alan Duff的《第三种语言》一书中，Duff将非文学翻译中对语域（register）的处理与文学翻译中对语域的处理摆到同一个层次上来考虑。他说："有人以为只有文学译者才关心文体的问题，我认为这是个错误。无论翻译什么领域的作品……译者都必须决定究竟采用哪种语域（究竟是正式的语言还是非正式的语言，究竟是官方语言还是非官方的语言），并从头至尾都采用这种选定的语域。"（1981：7）他还强调指出："每一种文本都有一种语域，也就是说，其文字处于一个特定的正式或者非正式的层次，而这一层次在一定程度上取决于文本的写作对象。"（1981：87）然而，文学文本中的语域问题并非一个简单的在正式程度上连贯一致的问题。文学文体学家特别关注的是文学文本中语域之间的转换或不同语域之间的交互作用所产生的特定主题意义和美学效果。在很多小说中，作者常常通过语域上的变化，直接生动地表达出人物所属的不同社会阶层，展示出从事不同职业的人物的不同思维风格；或通过模仿人物的不同语域产生滑稽模仿的效果，并暗示作者的同情或者反讽的立场。小说中语域上的变化也是微妙转换视角的一种重要手段（参见Fowler，1977；Leech，Short，1981）。俄国形式主义学者巴赫金的对话理论在西方产生较大影响之后，文体学家更为关注在文学文本中，作者如何特意模仿不同社会阶层的人物的语言，在文中呈现出较强的

"多语和弦"的效果（参见Bakhtin, 1981）。从文体分析的角度出发，译者应尽量采用属于不同社会阶层、具有不同正式程度的语言来传递这种"多语和弦"的效果。假如在非文学翻译中，译者应努力保持语域上的一致性的话，那么在文学翻译中，译者则应尽量传递作品中出现的各种语域上的变化，以保留原文的主题意义和美学价值。

3. 小说翻译中的"假象等值"

我认为，小说翻译中的一个突出问题为"假象等值"，即译文与原文看上去大致相同，但文学价值或文学意义相去较远。至少就现实主义小说而言，文学文体学家一般坚持形式和内容的两分法，在分析时，仅考虑语言形式这一层面。Leech和Short在《小说中的文体》一书中，采用了以下模式来描述形式与内容的关系（1981：24）：

意思［内容、事实］+［表达形式的］文体价值=（总体）意义

文学文体学家认为同样的内容可以采用不同的表达形式来表达，内容是不变量，具有不同文体价值的不同表达形式才是变量，才是文体研究的对象。但在翻译中，内容或虚构事实这一层次也是译者传递的对象，也成了一个变量，因此在内容这一层次，也可出现一种较为宽泛意义上的"假象等值"，其通常表现形式为：译者认为原文中的某些虚构事实有违常情，因此有意进行"情理之中"的改动。译者以为这样一来，自己的译文形成了与原文更为合理的对应，实际上却损害了原文的主题意义和美学价值。我们不妨看看下面这一简例：

> 原文：我这回在鲁镇所见的人们中，改变之大，可以说无过于她［祥林嫂］的了：五年前的花白的头发，即今已经全白，全不象［像］四十上下的人；脸上瘦削不堪，黄中带黑，而且消尽了先前

悲哀的神色，仿佛是木刻似的；只有那眼珠间或一轮，还可以表示她是一个活物。

译文：…She looked completely exhausted, not at all like a woman not yet forty, but like a wooden thing with a tragic sadness carved into it. Only the movement of her lustreless eyes showed that she still lived. (Trans. Snow, Yao, 1936: 53)

    这是鲁迅的《祝福》[43]中的一段。祥林嫂从不幸走向更为不幸之后，此时已沦落为临死的乞丐。原文中"先前悲哀的神色"指的是祥林嫂在第二任丈夫病死和儿子被狼叼走之后，脸上的悲哀神情。在此之后，身为曾经再嫁的寡妇的祥林嫂饱受封建礼教的歧视，精神遭受重创，情感逐渐变得麻木。这一从悲哀到麻木的变化，具有强烈的悲剧性，构成对封建礼教强有力的控诉。值得注意的是，这段文字出现在第一人称叙述者回忆祥林嫂的生活轨迹之前，是文中第一次提到祥林嫂，因此给读者印象深刻。由于前文没有任何交代，"消尽了先前悲哀的神色"让读者感到困惑不已，由此产生悬念：为何这个沦为乞丐的女人看上去不再悲哀？这自然会吸引读者的阅读兴趣，进而发现封建礼教对妇女精神世界的极度摧残。"消尽了先前悲哀的神色"具有相当强的主题意义和艺术价值。不难看出，译者在此有意对原文进行了改动。从常识来说，处境越悲惨，神情也会越悲哀。鲁迅在《祝福》中对祥林嫂神情的描写偏离了这一常识，也正是通过这一偏离，深刻表达出祥林嫂的悲剧。我们可以将原文中的偏离界定为"概念上的偏离"，即偏离人们对事物的常规看法。在建构文学中的虚构世界时，作者常常通过各种概念上的偏离来表达或加强主题意义和美学效果。而在翻译中，概念上的偏离成分往往容易被译者依据通常经验加以改动。或许译者认为，作者本应这么表达，因此自己的译文形成了比原文更为合理的

---

43 本文中鲁迅作品均节选自《鲁迅全集》，人民文学出版社1963年出版。

对应。但若进行文体分析，考察偏离成分在作品的总体结构中的作用，则不难发现，这些偏离常规的虚构事实往往具有重要的文体效果，在人物塑造、情节建构、主题表达中起重要作用。译文的改动往往使这些文体效果丧失殆尽，因此构成"假象等值"。

4. 语言形式层面的"假象等值"

在采用文体学的方法来探讨翻译中的"假象等值"时，最值得关注的是语言形式这一层次。在小说翻译中，传统上人们不仅关注所指相同这一层次，而且也关注译文的美学效果。但这种关注容易停留在印象性的文字顺达、优雅这一层次上，不注重从语言形式与主题意义的关系入手来探讨问题，而这种关系正是文学文体学所关注的焦点。语言形式这一层次上的"假象等值"可定义为"译文与原文所指相同，但文学价值或文学意义却相去较远"。在翻译小说时，译者往往将对等建立在"可意译的物质内容"（paraphrasable material content）这一层次上（Bassnett-McGuire，1993）。在诗歌翻译中，倘若译者仅注重传递原诗的内容，而不注重传递原诗的美学效果，人们不会将译文视为与原文等值。但在翻译小说，尤其是现实主义小说时，人们往往忽略语言形式本身的文学意义，将是否传递了同样的内容作为判读等值的标准，而这样的"等值"往往是假象等值。首先，让我们看看取自《红楼梦》[44]翻译的一个实例：

> 原文：黛玉听了这话，不觉又喜又惊，又悲又叹。所喜者，果然自己眼力不错，素日认他是个知己，果然是个知己。所惊者，他在人前一片私心称扬于我，其亲热厚密，竟不避嫌疑。所叹者，你既为我之知己，自然我亦可为你之知己矣，既你我

---

44 引文节选自［清］曹雪芹《红楼梦》，人民文学出版社2000年出版。

九 论文学文体学在翻译学科建设中的重要性

151

为知己，则又何必有金玉之论哉；既有金玉之论，亦该你我有之，则又何必来一宝钗哉！（《红楼梦》第32回）

译文：This surprised and delighted Tai-yu but also distressed and grieved her. She was delighted to know she had not misjudged him, for he had now proved just as understanding as she has always thought. Surprised that he had been so indiscreet as to acknowledge his preference for her openly. Distressed because their mutual understanding ought to preclude all talk about gold matching jade, or she instead of Pao-chai should have the gold locket to match his jade amulet… (Trans. Yang, Yang, 1978: 469-470)

　　原文中的"所喜者""所惊者""所叹者"为叙述者的评论，随后出现的则是用自由直接引语表达的黛玉的内心想法。也就是说，有三个平行的由叙述者的话语向人物内心想法的突然转换。这三个平行的突转在《红楼梦》这一语境中看起来较为自然，但直接译入英语则会显得不太协调。

　　也许是为了使译文能较好地被当代英文读者接受，译文有意通过叙述者来间接表达黛玉的想法。这样一来，译文显得言简意赅、平顺自然。从表面上看，译文与原文基本表达了同样的内容，是等值的。但通过对译文进行细致的文体分析，则不难发现，这种等值只是表面上的假象等值。我们可以从以下三方面来看这一问题：

　　其一，将人物的想法客观化或事实化。

　　在《红楼梦》这样的传统第三人称小说中，故事外的叙述者较为客观可靠，而故事内的人物则主观性较强。译文将黛玉的内心想法纳入客观叙述层之后，无意中将黛玉的想法在一定程度上事实化了：

> She was delighted to know [the fact that] she had not misjudged him, for he had now proved just as understanding as she has always thought. Surprised [at the fact] that he had been so indiscreet as to acknowledge his preference for her openly.

其结果，叙述的焦点就从内心透视转为外部描述，黛玉也就从想法的产生者变成了事实的被动接受者。值得注意的是，在原文中，黛玉的想法与"喜""惊""叹"等情感活动密不可分，想法的开始标志着情感活动的开始；黛玉的复杂心情主要是通过直接揭示她的想法来表达的。在译文中，由于原文中的内心想法以外在事实的面貌出现，因此成为先于情感活动而存在的因素，仅仅构成造成情感活动的外在原因，不再与情感活动合为一体。不难看出，与原文中的内心想法相比，译文中的外在"事实"在表达黛玉的情感方面起的作用较为间接，而且较为弱小。

此外，将黛玉的内心想法纳入叙述层也不利于反映黛玉特有的性格特征。原文中，黛玉对宝玉评价道："他在人前一片私心称扬于我，其亲热厚密，竟不避嫌疑。"实际上，宝玉仅仅在史湘云说经济一事时，说了句，"林妹妹……若说这话，我也和他生分了"。宝玉的话并无过于亲密之处，黛玉将之视为"亲热厚密，竟不避嫌疑"主要有两方面的原因。一是她极其循规蹈矩，对于言行得体极度重视；二是她性格的极度敏感和对宝玉的一片痴情，多少带有一点自作多情的成分。可以说，黛玉对宝玉的评论带有较强的主观性和感情色彩，这一不可靠的人物评论有助于直接生动地揭示黛玉特有的性格特征。在译文中，"he had been so indiscreet as to …"成了由叙述者叙述出来的客观事实，基本上失去了反映黛玉性格特征的作用。

其二，人称变化。

在原文中，"他"和"你"这两个人称代词所指为宝玉一人。开始时，黛玉以第三人称"他"指称宝玉。随着内心活动的发展，黛玉改用第二人称"你"指称宝玉，情不自禁地直接向不在场的宝玉倾吐衷肠，这显然缩短了两人之间的距离。黛玉接下去说："既有金玉之论，亦该你我有之"，至此两人已被视为一体。这个从第三人称到第二人称的动态变化发生在一个静态的语境之中，对于反映黛玉的性格有一定作用。黛玉十分敏感多疑，对于宝玉的爱和理解总是感到疑虑，因此在得知"他"的理解和偏爱时，不禁感到又喜又惊。可黛玉多情，对宝玉已爱之至深，因此情不自禁地以"你"代"他"，合"你我"为一体。这个在静态小语境中出现的动态代词变化，在某种意义上也可以说象征着黛玉和宝玉之间的感情发展过程，与情节发展暗暗呼应，对表达小说的主题意义有一定作用。从理论上说，无论是在叙述层还是在人物话语层，均可以采用各种人称。但倘若人物话语通过叙述者表达出来，第一、二人称就必然会转换成第三人称。因此，译文在将黛玉的想法纳入叙述层之后，就无可避免地失去了再现原文中人称转换的机会，无法再现原文中通过人称变化所取得的文体和主题价值。

其三，情态表达形式上的变化。

译文在将黛玉的想法纳入叙述层之后，无法再现原文中由陈述句向疑问句的转换，这跟以上论及的其他因素交互作用，大大影响了对人物的主观性和感情色彩的再现。请比较：

> 原文：你既为我之知己，自然我亦可为你之知己矣，既你我为知己，则又何必有金玉之论哉；既有金玉之论，亦该你我有之，则又何必来一宝钗哉！
>
> 译文：...their mutual understanding ought to preclude all talk about gold matching jade, or she instead of Pao-chai should have the gold locket to match his jade amulet...

原文中黛玉的推理、发问体现出她的疑惑不安。译文中直截了当的定论"their mutual understanding"则大大减弱了这种疑惑不安的心情。原文中的推理发问呈一种向高潮发展的走向，译文的平铺直叙相比之下显得过于平淡。不难看出，译文采用的并列陈述句式难以起到同样的反映人物心情和塑造人物性格的作用。总而言之，译文与原文只是在表面上看起来基本等值，其实两者在文体功能上相去甚远。

我们不妨再看看老舍的《骆驼祥子》[45]中一段文字的不同译法：

> 原文：这么大的人，拉上那么美的车，他自己的车，弓子软得颤悠颤悠的，连车把都微微的动弹；车厢是那么亮，垫子是那么白，喇叭是那么响；跑得不快怎能对得起自己呢，怎能对得起那辆车呢？
>
> 译文甲：(Every time he had to duck through a low street-gate or door, his heart would swell with silent satisfaction at the knowledge that he was still growing. It tickled him to feel already an adult and yet still a child.) With his brawn and his beautiful rickshaw—springs so flexible that the shafts seemed to vibrate; bright chassis, clean, white cushion and loud horn—he owed it to them both to run really fast. (Trans. Shi, 1981: 18)
>
> 译文乙：How could a man so tall, pulling such a gorgeous rickshaw, his own rickshaw too, with such gently rebounding springs and shafts that barely wavered, such a gleaming body, such a white cushion, such a sonorous horn, face himself if he did not run hard? How could he face his rickshaw? (Trans. James, 1979: 11)

---

45 引文节选自老舍《骆驼祥子》，人民文学出版社1978年出版。

原文中出现的是用"自由间接引语"表达出来的祥子的内心想法。"自由间接引语"这一表达形式兼间接引语与直接引语之长，既能较好地与叙述流相融合（也用第三人称和过去时），又能保留体现人物主体意识的语言成分（如疑问句）。而译文甲却改用了叙述陈述这一表达形式。在译文甲中，标示祥子内心想法的语言特征可谓荡然无存。从表面上看，译文甲与原文表达了大致相同的内容，是等值的。但这种等值恐怕只能是"假象等值"。

　　我们知道，在第三人称叙述中，故事外的叙述者和故事中的人物分别具有客观性/可靠性和主观性/不可靠性。原文中的"这么大的人，拉上那么美的车"与译文甲中的"With his brawn and his beautiful rickshaw"之间的对照，是充满情感的内心想法与冷静的叙述话语之间的对照，也是人物的主观评价与叙述者的客观描述之间的对照。也许正因为这种由主观方式向客观方式的转换，译文甲将原文中"车厢是那么亮，垫子是那么白，喇叭是那么响"这一串夸张的排笔句译成了冷静平淡的"bright chassis, clean, white cushion and loud horn"。

　　译文甲的客观化译法在一定程度上影响了对祥子这一人物的性格塑造。在小说中，人物的特定看法和眼光常常通过其对事物的不可靠评价反映出来。祥子对自己的人力车有着极为特殊的感情。他拼死拼活地干了至少三四年方挣来了这辆车。可以说，这辆人力车是他的全部财产，也是他未来的全部希望。他对这辆车爱之至深，可谓到了一种"情人眼里出西施"的地步。不难看出，原文采用的自由间接引语是表达祥子主观性评价的理想形式，它在与叙述话语自然融为一体的情况下，很好地体现了人物的眼光和情感。实际上，在译文甲选择了叙述陈述这一表达形式之后，很难表达出祥子眼光的主观性和不可靠性。倘若"车厢是那么亮，垫子是那么白，喇叭是那么响"这一串夸张的排笔句被译成"very bright chassis, extremely clean, white cushion and very loud horn"，恐怕也会被译文读者误认为是被叙述者认同的事实，反映出来的是叙述者和人物共同具有的客观眼光。译文甲的译者很可能意识到了这一连串"那么"过于夸张，因此有意将其略去不译，以使译文更为客观可靠。令人感到遗憾的是，译者显然未意识到原文中的主观性和不可靠性有助于体现人物特有的情感，对于人物塑造有重要意义。

在这里，我们应该充分认识到自由间接引语所起的作用。倘若译文甲未采用叙述陈述而是采用了自由间接引语这一表达形式（譬如中间插入了"he thought"以标示人物的想法），即便保留现有的措辞，效果也会大不相同。且以"With his brawn and his beautiful rickshaw"为例，倘若它在自由间接引语中以祥子内心想法的面目出现，马上就会失去其客观性，因为自由间接引语的内容只不过是"一个不可靠的自我的断言或假定"（Banfield, 1982: 218; Pascal, 1977: 50）。读者也许会在"With his brawn and his beautiful rickshaw"这一不可靠的断言中感受到人物的自信和洋洋自得，甚至虚荣心。在原文和译文乙中，不仅表达形式为自由间接引语，而且词汇和句法也具有明显的人物主观性特征，这样有利于塑造一个鲜明的人物自我，读者可以强烈地感受到人物的自信和洋洋自得。这些人物情感与小说的主题紧密关联。在这部小说中，祥子对自己力量的盲目自信与将他的所有努力完全击败的残酷社会现实之间形成了强烈的对照。小说的主题意义主要通过这一悲剧性的对照体现出来。毋庸置疑，译文甲的客观化译法既不利于反映人物情感和塑造人物性格，也不利于表达小说的悲剧性主题意义。值得注意的是，该译文的客观化译法也许不是偶然的。"自由间接引语"这一表达形式自20世纪60年代以来引起了西方文体学界的极大注意，但在翻译学界却未引起重视。在译文中，将采用"自由间接引语"甚至"自由直接引语"表达出来的人物内心想法转换为客观叙述的实例可谓屡见不鲜（上面两例均属于这种情况），频频造成"假象等值"。若把文体学引入翻译教学、翻译实践和翻译研究，就能较好地纠正这种现象。

在文体分析中，文体学家十分注重文本中语言成分之间的相互呼应在表达或加强主题意义方面所起的作用。我们不妨看看取自鲁迅的《伤逝》的一个简例：

> 原文：就在这样一个昏黑的晚上，我照常没精打采地回来……我似乎被周围所排挤，奔到院子中间，有昏黑在我的周围；正屋的纸窗上映出明亮的灯光，他们正在逗着孩子玩笑。我的心也沉静下来，觉得在沉重的迫压中，渐渐隐约地现出脱走的路径……

译文：It was after dark when I came home… I felt oppressed and rushed out into the darkness of the courtyard. The landlady's room was bright and resounded with children's laughter. My heart calmed down and there gradually emerged out of the oppressiveness of my situation a path into life…(Trans. Wang, 1941: 176-178)

在这段文字之前，第一人称叙述者涓生告诉不顾一切与他同居的子君，自己已经不再爱她了。这里描述的是子君被父亲领回去后发生的情形。在中英文里，一般不用"有……"（"there is"）来指称天色；这一段中的"有昏黑在我的周围"显然偏离了常规表达法。此外，前文已经说明了是"一个昏黑的晚上"，而"有昏黑在我的周围"则是把"昏黑"这一已知信息当成新信息来描述，显得既重复多余，又引人注目。这一偏离在译文中不复存在。译者将"有昏黑在我的周围"这一小句译成了一个名词短语"the darkness"，插入了一个地点状语之中："rushed out into the darkness of the courtyard"，将之完全常规化和"已知化"。仅从这一段来看，这样的处理既不影响内容的表达，又使语句变得更为通顺、简练。但从全文的语境来看，这样的译法却破坏了"昏黑"所具有的象征意义。

在《伤逝》中，"昏黑"或"黑暗"组成了一个象征链或象征模型（symbolic pattern），象征绝望、幻灭和封建势力的压迫。这一象征链与另一指涉光明的象征链形成了鲜明对照（请注意"昏黑"与"明亮的灯光"之间的对照），后者象征幸福和新的希望，譬如："在通俗图书馆里往往瞥见一闪的光明，新的生路横在前面。"在这样的大语境里，上面那段文字中的"昏黑"一词显然超出了其字面意义。涓生十分清楚子君面临何等悲惨的命运："负着虚空的重担，在威严和冷眼中走着所谓人生的路，这是怎么可怕的事呵！而况这路的尽头，又不过是——连墓碑也没有的坟墓。"这一段中的"昏黑"一词可以说既象征子君在封建势力压迫下的悲惨境遇，也象征涓生自己的幻灭和绝望。但是，这些象征意义在译文中不复存在，这一对象征意义的局部损伤也势必影响文中由种种对黑暗的指涉构成的象征链，从而造成双重损失。我们不妨将译文改为：

> ...I felt oppressed and rushed out into the courtyard. There was darkness around me. The landlady's room was bright...

总而言之，根据文学文体学的观点，在翻译中，需注重从文本整体意义的角度出发来考虑具体语言成分的作用，尤其需要注重保护具有各种文学意义的语言模型或者"链条"。

5. 虚构事实与表达形式两个层面的"假象等值"

文学翻译中的"假象等值"有时会同时涉及虚构事实与表达形式这两个层面。这是因为不少语言成分的文体价值来自这两个层次之间的交互作用。请看下面这个出自《骆驼祥子》的简例：

> 原文：……他仿佛不是拉着辆车，而是拉着口棺材似的。在这辆车上，他时时看见一些鬼影，仿佛是。
>
> 译文甲：... It seemed to him that he was constantly seeing the shadowy spirits of the dead riding for nothing in this rickshaw of his. (Trans. King, 1964: 175)
>
> 译文乙：... Often he seemed to see shadows of ghosts around it. (Trans. Shi, 1981: 171)

通常认为世上没有鬼，原文中"在这辆车上，他时时看见一些鬼影"与常规概念相冲突，但接下来的"仿佛是"则起到了某种补正的作用。对原文中概念上的偏离至少可以有三种不同的阐释。首先，祥子可能是在恍恍惚惚的梦幻状态中看到了这些鬼影，等到清醒过来后，则用"仿佛是"进行了矫正。这属于人物经验层次，其文体效果在于表达上的逼真性。其次，换个角度来看，作者可能有意采用了"他时时看见一些鬼影，仿佛是"来替代"他仿佛时时看见一些鬼影"。与后者相比，前者的表达效果更为强烈。祥子在战乱中失去了自己的车，后又从二强子手中买了一辆，这辆车是饥寒交迫的二强子"以女儿换来，打死老婆才出手"的。那些所谓的"鬼影"是死难穷人的冤魂。原文中"他时时看见一些鬼影"有违常理，因此会让读者感到分外震惊，接下来的"仿佛是"并不能完全消除这种震惊的效果。也就是说，作者在利用文字的线性进程来加强表达效果，属于语言形式这一层次。此外，还有一种可能性，即"他时时看见一些鬼影"是对人物经验的真实描述（祥子看到了或者相信自己看到了），但因为这与常识相违，作者有意加上了"仿佛是"来保持叙述的可靠性。这涉及人物经验与表达形式这两个层次。老舍是一位很讲究文体的作家，这里的语言现象显然是作者有意为之。上文提到的三种可能性交互作用，增加了语义密度，产生一种不确定的、似是而非的效果，这是典型的文学效果。在上面所引的两种译文中，这些文体效果可谓丧失殆尽。

就第一人称回顾性叙述而言，叙述层与故事层之间的交互作用时常涉及两个不同的主体：一为当年正在经历事件的"我"，另一为目前叙述往事的"我"。前者的想法属于故事层次，后者的想法则属于叙述层次。作者有时巧妙地利用两个层次之间的转换来产生意义。请看取自鲁迅的《伤逝》的一段：

> 原文：这是真的，爱情必须时时更新，生长，创造。我和子君说起这，她也领会地点点头。
> 唉唉，那是怎样的宁静而幸福的夜呵！
> 安宁和幸福是要凝固的，永久是这样的安宁和幸福。我们在会馆里时，还偶有议论的冲突和意思的误会，自从到吉兆胡同以来，连这一点也没有了；我们只在灯下对坐的怀旧谭中，回味那时冲突

以后的和解的重生一般的乐趣。

译文甲：…Ah, what peaceful, happy evenings those were!

Tranquility and happiness must be consolidated, so that they may last forever… (Trans. Yang and Yang, 1956: 244)

译文乙：…Ah, what quiet, happy nights those were!

But peace and happiness have a way of stagnating and becoming monotonous. When we were at the Provincial Guild we used to have occasional differences and misunderstandings, but since we had come to Chi-chao Hutung there was not even this. We merely sat facing each other by the lamp and ruminated over the joy of reconciliation after those clashes. (Trans. Wang, 1941: 164-165)

原文中"安宁和幸福是要凝固的，永久是这样的安宁和幸福"不符合情节的发展，与两人爱情的悲剧性结局直接冲突。这是正在经历事件的"我"在幸福的高潮时心中的想法。但值得注意的是，叙述者没有采用"当时我认为"这样的词句来加以限定。可以说，作为叙述者的"我"此时放弃了自己的视角，暗暗换用了当年经历事件的"我"的视角来叙事。但由于这一视角的转换是暗地里进行的，读者并不知道这是经历事件的"我"业已破灭的希望，以为读到的仍然是作为叙述者的"我"发出的评论，因此会轻易相信和分享。"我"是一位理想主义的青年知识分子，该故事突出表现了其不切实际的幻想与现实中的幻灭之间的对照和冲突。这句以叙述评论的形式出现的当初的幻想对于加强这一对照起了较大的作用。值得注意的是，这一在幸福高潮时出现的幻想并非没有未来悲剧的阴影：句中的"凝固"一词既有肯定性的意义，又带有不祥之兆。这种不祥之兆既可能是作为叙述者的"我"无意之中流露的，也可能源于经历事件的"我"当时某种下意识的预感。诚然，由于后面紧跟着"永久是这样的安宁和幸福"，读者很可能主要会从积极的意义上来理解"凝固"一词，但心中难免会产生疑问。这种种转换、冲突、对照和模棱两可具有较高的文学价值，对于真实刻画人物性格，强化文本的张力，增强文本的戏剧性和悲剧性具有重要作用。

在上面引录的两种译文中，这些效果可谓荡然无存。译文甲采用了两个情态动词"must"和"may"，并加上了表示目的的"so that"。它们协同合作，将"我"当初不切实际的幻想变成了一个放之四海而皆准的真理。在译文乙中，"凝固"一词中的阴影被单方面保留，并进一步放大成"stagnating and becoming monotonous"，前面还加上了转折词"but"来强化这一阴影。原文中"永久是这样的安宁和幸福"被译文乙完全删除。在译文乙中，我们看到的也是一个放之四海而皆准的真理。如果说译文甲的译法使这句话失去了在加强悲剧冲突方面所起的作用的话，那么译文乙则走得更远，其译法过早地让读者作心理准备，大大削弱了幻想与幻灭之间的悲剧性对照。此外，以"But peace and happiness have a way of stagnating and becoming monotonous"作为该段落的引导句，也改变了该段后面部分的性质：原文中的幸福情景在译文乙中变成了证明爱之"stagnating and becoming monotonous"的实例（不难看出，这种证明关系很不协调）。这对人物的性格造成了一定的扭曲。在原文中，"我"为理想主义者，不时地沉浸于不切实际的幻想之中，依靠幻想从现实中求得解脱。但在译文乙中，我们看到的却是一个冷静面对现实的理性头脑。当然这仅为文中的一段，但它势必对人物性格的整体塑造形成一定的影响。

6. 结语

无论是处于哪一层次，文学翻译中的"假象等值"有一个颇为发人深省的特点：译者的水平一般较高，在对原文的理解上不存在任何问题。而之所以会出现"假象等值"，主要是因为译者对原文中语言成分与主题意义的关联缺乏充分认识，未能很好地把握原文的文体价值所在。值得注意的是，文学文体学十分重视各种偏离常规的表达形式。这不仅是因为在现代主义和后现代主义小说中，文学意义往往通过偏离常规的形式表达出来，而且是因为在现实主义小说中，偏离常规的语言成分也构成表达文学意义的一种重要手段。但在翻译界，不少译者和研究者对于这一点尚缺乏足够的认识。如上所示，小说翻译中最易被改动的成分之一就是原文中带有美学价值但表面上不合逻辑或不合情理的语言成分。就第三节分析的前两个实例来说，虽然没有不合逻辑的成分，但原文中表达形式的突然转换或遣词造句上的夸张与强调也是造成"假象等值"的原因之一。这样的语言成分因与译者认识、解释和表达事物的常规方式发生冲突而被译者加以改动，以求使文本变得更合乎逻辑，或更流畅自然，或更客观可靠，如此等。其结果则是在不同程度上造成文体价值的损失。要避免这样的"假象等值"，就需要对原文进行深入细致的文体分析，以把握原文中语言成分与主题意义的有机关联。

文学文体学的主要作用在于：（1）使译者更好地把握小说中的语言成分（尤其是语言形式）的美学功能和文体价值，促使译者使用文体功能等值的语言成分，特别注意避免指称对等所带来的文体损差；（2）帮助翻译批评家和研究者提高文体意识，在研究中更为注重各种文体手段，注重形式与内容之间的交互作用，注重形式本身所蕴含的文学意义，善于发现种种"假象等值"的现象；（3）将文学文体学引入文学翻译教学有助于提高翻译教学质量，有利于学生较快地提高文学翻译水平。应该说，小说翻译中的很多问题能够通过文体分析得以有效地解决。我们希望在21世纪里，我国的翻译理论和实践工作者更为注重文学文体学在翻译学科建设中的作用。

参考文献

- 申丹. 叙述学与小说文体学研究[M]. 北京：北京大学出版社，2001.

- BAKHTIN M. The dialogic imagination[M]. Austin: University of Texas Press, 1981.

- BANFIELD A. Unspeakable sentences[M]. New York: Routledge,1982.

- BASSNETT-MCGUIRE S. Translation studies[M]. Rev. ed. London: Methuen, 1993.

- CAO X Q. A dream of red mansions[M]. YANG H Y, YANG G, trans. Beijing: Foreign Languages Press, 1978.

- DUFF A. The third language: recurrent problems of translating into English[M]. Oxford: Pergamon Press, 1981.

- FOWLER R. Linguistics and the novel[M]. London: Methuen, 1977.

- LAO S. Rickshaw boy[M]. KING E, trans. London: Michael Joseph, 1964.

- LAO S. Rickshaw[M]. JAMES J M, trans. Honolulu: University of Hawaii Press, 1979.

- LAO S. Camel Xiangzi[M]. SHI X Q, trans. Beijing: Foreign Languages Press, 1981.

- LEECH G, SHORT M. Style in fiction[M]. London: Longman, 1981.

- PASCAL R. The dual voice[M]. Manchester: Manchester University Press, 1977.

- SHEN D. Literary stylistics and fictional translation[M]. Beijing: Peking University Press, 1998.

- SNOW E, YAO H N, trans. Benediction[M]// SNOW E. Living China: modern Chinese short stories. London: George G. Harrap, 1936: 51-74.

- WANG C C, trans. Ah Q and others: selected stories of Lusin[M]. New York: Columbia University Press,1941.

- YANG H Y, YANG G, trans. Selected works of Lu Hsun: Vol. 1[M]. Beijing: Foreign Languages Press, 1956.

第四部分

论跨学科研究

导　言

　　本书前三个部分分别属于文学研究、语言学研究和翻译学研究这三个不同学科领域。在选用的论文中，有的本身带有明显的跨学科性质。譬如：收入"叙事学研究"中探讨坡的《泄密的心》的论文，将叙事学的结构分析方法与文体学的文字分析方法有机结合；收入"文体学研究"的第一篇论文涉及文学研究和各语言学流派之间的学科交叉；"翻译学研究"的第二篇论文则将文学文体学引入了翻译学科建设。但这些论文均未直接论述跨学科研究。

　　本部分收入了两篇专门探讨跨学科研究的论文。第一篇聚焦于外语跨学科研究与自主创新的关系。20世纪90年代中期以来，随着与国际学术界日渐接轨，我国的外语科研从强调引进介绍逐渐转向强调创新和发展。2001年，在大连外国语学院召开的首届"中国外语教授沙龙"将"外语科研创新"明确作为一个中心议题，笔者为那届沙龙写了一篇论文《试论外语科研创新的四条途径》，从以下四个方面谈了外语科研创新的问题：（1）不迷信广为接受的权威观点；（2）从反面寻找突破口；（3）根据中国文本的实际情况修正所借鉴的外国理论模式；（4）通过跨学科研究达到创新与超越（这篇论文载于《外语与外语教学》2001年第10期）。本部分第一篇论文（发表于《中国外语》2007年第1期）结合笔者后面几年的科研经历，从新的角度谈外语跨学科研究与自主创新的关系，主要涉及以下四个方面：（1）总结探索、分类评析跨学科研究的新发展；（2）廓清画面，清除跨学科研究中出现的混乱；（3）透过现象看本质，化对立为互补；（4）利用跨学科优势，做出创新性的分析。这篇论文希望通过介绍跨学科创新的经验，激发研究者跨学科研究的兴趣，推进外语界的自主创新。

本部分第二篇论文（发表于《外语教学与研究》2004年第2期）聚焦于文体学与叙述学之间的互补性[46]。笔者在爱丁堡大学做文体学的博士论文时，发现了文体学和叙述学各自的局限性和两者之间的互补性，后来率先对其加以揭示，并倡导在分析小说的形式层面时，将两个学科的方法有机结

---

46 国内将法文的"narratologie"（英文的"narratology"）译为"叙述学"或"叙事学"，但在我看来，两者并非完全同义（见第7页脚注2）。在这篇论文中，为了突出与文体学的关联，我特意采用了"叙述学"一词。但在很多情况下，"叙事学"一词应该更为妥当。对此，笔者已另文详述（申丹，《也谈"叙事"还是"叙述"》，《外国文学评论》2009年第3期）。

合[47]。本部分收入的这篇论文指出：在教学中，文体学课关注小说的遣词造句，叙述学课则聚焦于组合事件的结构技巧，两者各涉及小说艺术的一个层面，相互之间呈一种互为补充的关系。文体学课和叙述学课对于小说艺术形式看似全面、实则片面的教学，很可能会误导仅上一门课程的学生。该文有以下四个主要目的：（1）剖析小说的"文体"与叙述学的"话语"的貌似实异；（2）揭示造成二者差异的原因；（3）介绍近年来国外的跨学科分析；（4）从理论和实践两个角度提出解决问题的办法。可喜的是，文体学与叙述学之间的互补关系在国内外都越来越得到重视。2014年，Routledge出版社推出了国际上第一部 *Handbook of Stylistics*，该书主编邀请我撰写的一章，题目就是"文体学与叙述学"[48]。

---

47 在英美发表的论文有：SHEN D. What narratology and stylistics can do for each other[M]// PHELAN J, RABINOWITZ P J. A companion to narrative theory. Oxford: Blackwell, 2005: 136-149; SHEN D. How stylisticians draw on narratology: approaches, advantages, and disadvantages[J]. Style, 2005, 39(4): 381-395.

48 SHEN D. Stylistics and narratology[M]// BURKE M. The Routledge handbook of stylistics. London: Routledge, 2014: 191-205.

十 外语跨学科研究与自主创新[49]

1. 引言

改革开放以来，随着与国际学术界越来越紧密的联系和接轨，我国的外语科研从强调引进介绍逐渐转向强调创新和发展。2001年，在大连外国语学院召开的首届"中国外语教授沙龙"，将"外语科研创新"明确作为一个中心议题，我当时为那届沙龙写了一篇文章，从以下四个方面谈了外语科研创新的问题：（1）不迷信广为接受的权威观点；（2）从反面寻找突破口；（3）根据中国文本的实际情况修正所借鉴的外国理论模式；（4）通过跨学科研究达到创新与超越（申丹，2001）。本文将结合近几年笔者自己的科研经历，从新的角度谈外语跨学科研究与自主创新的关系，主要涉及以下四个方面：（1）总结探索、分类评析跨学科研究的新发展；（2）廓清画面，清除跨学科研究中出现的混乱；（3）透过现象看本质，化对立为互补；（4）利用跨学科优势，做出创新性的分析。

---

49 原载《中国外语》2007年第1期，13—18页。

2. 总结探索、分类评析跨学科研究的新发展

文体学与叙事学（或叙述学）都属于生命力较强的交叉学科。20世纪90年代以来，英国成为国际文体学研究的中心，而美国也取代法国，成为国际叙事学研究的中心。笔者一直在关注这两个学科之间相互借鉴的情况，发现叙事学家很少关注文体学，但越来越多的西方文体学家注重借鉴叙事学。经过对这些跨学科论著的仔细考察，笔者发现文体学借鉴叙事学的方式可以分为三类：（1）温和的方式；（2）激进的方式；（3）平行的方式。西方文体学家对叙事学的借鉴大多采用"温和"的方式，即采用叙事学的概念或模式作为文体分析的框架。文体学对叙事学的"温和"借鉴是克服文体学之局限性的一种较好的做法，但容易受到文体分析本身的限制。文体学聚焦于语言特征，即便借鉴叙事学的结构分析模式，也往往只起辅助作用，为语言分析铺路搭桥，这必然导致对一些重要结构技巧的忽略。

与"温和"的方式相对照，有的西方文体学家采用了较为"激进"的方式来"吸纳"叙事学。保罗·辛普森就是这方面的典型代表。在2004年面世的《文体学》这部新作中，辛普森采用了"叙事文体学"这一名称来同时涵盖对语言特征和叙事结构的研究。这是克服文体学之局限性的一种大胆创举，但出现了以下几方面的问题。首先，在理论界定中，辛普森有时将叙事学的概念（如"故事情节"与"话语"之分）视为文体学的概念（Simpson, 2004：20），从而在一定程度上失去了文体学自身的特性。其次，虽然文体学和叙事学都声称采用语言学模式来研究作品，但叙事学往往只是比喻性地采用语言学，因此并未受到语言学对文字关注的限制，其分析对象包括各种非文字叙事媒介。辛普森按叙事学的做法，将各种叙事媒介均视为"叙事文体学"的分析对象，包括电影、芭蕾舞、音乐剧或连环漫画（Simpson, 2004：20-211）。若这样拓展，文体学就会失去其自身的性质。真正采用语言学模式的文体学只能研究语言媒介。以往文体学家认为作品中重要的就是语言，但身处新世纪的辛普森已认识到文体学仅关注语言的局限性，因此有意识地借鉴叙事学。然而，也许是"本位主义作祟"，他不是强调文体学与叙事学的相互结合，而是试图通过拓展文

体学来"吞并"叙事学。其实，无论如何拓展"语言系统"，都难以涵盖"芭蕾舞、音乐剧或连环漫画"。

此外，就文字性叙事作品本身而言，辛普森在探讨"话语"表达这一层次时，有时也将语言结构（文体学的分析对象）和叙事结构（叙事学的关注对象）相提并论。他举了下面这一实例来说明叙事学所关心的"话语"表达层对事件顺序的安排："约翰手中的盘子掉地，珍妮特突然大笑。"这两个小句的顺序决定了两点：（1）约翰的事故发生在珍妮特的反应之前；（2）约翰的事故引起了珍妮特的反应。倘若颠倒这两个小句的顺序（珍妮特突然大笑，约翰手中的盘子掉地），则会导致截然不同的阐释：珍妮特的笑发生在约翰的事故之前，而且是造成这一事故的原因。辛普森用这样的例子来说明对事件的"倒叙"和"预叙"（Simpson，2004：18-20）。在我看来，文体学家所关心的语言层面上的句法顺序与叙事学家所关注的"倒叙"和"预叙"等结构顺序只是表面相似，实际上迥然相异。"倒叙"和"预叙"等结构顺序仅仅作用于形式层面，譬如，究竟是先叙述"他今天的成功"再叙述"他过去的创业"，还是按正常时间顺序来讲述，都不会改变事件的因果关系和时间进程，而只会在修辞效果上有所不同。这与辛普森所举的例子形成了截然对照。此外，句法顺序需要符合事件的实际顺序。就辛普森所举的例子而言，如果是约翰的失手引起了珍妮特的大笑，就不能颠倒这两个小句的顺序（除非另加词语对因果关系予以说明）。与此相对照，在超出语言的"话语"表达层面，不仅可以用"倒叙""预叙"等来打破事件的自然顺序，而且这些手法具有艺术价值。也就是说，我们不能将文体学关心的句法顺序和叙事学关心的"话语"表达顺序视为同一种类。

正如"叙事文体学"这一名称所体现的，文体学与叙事学相结合在西方已成为一种势不可挡的发展趋势。这固然有利于对叙事作品进行更为全面的分析，但若处理不当，则可能会造成新的问题。文体学和叙事学各有其关注对象和分析原则。既然文体学关心的是"语言"，就难以用任何名义的文体学来涵盖或吞并叙事学。在实际分析中，若想克服两者各自的局限性，不妨将两种方法交织贯通，综合采纳。

下面让我们看看"并行的方式"。为了克服文体学和叙事学各自的局限性，有的文体学家不仅两方面著书，而且也两方面开课。迈克·图伦（Michael Toolan）就是其中之一。他身为著名文体学家，却也写出了叙事学方面的书（Toolan, 2001）。有的文体学家在同一论著中，既进行叙事学分析，又进行文体学分析。譬如，米克·肖特（Mick Short）在探讨一部小说时，先专辟一节分析作品的结构技巧，然后再聚焦于语言特征，旨在说明作品的"叙事学创新"和"语言创新"如何交互作用（Short, 1999）。凯蒂·威尔士在她主编的《文体学辞典》（Wales, 2001）中，也收入了不少叙事学的概念，有的是独立词条，有的则与文体学的概念一起出现在同一词条中。这也从一个侧面说明了两者各自的局限性和相互之间的互补性。与"激进的"方法形成对照，"并行的"方法没有试图用文体学来"吞并"叙事学，而是保持了两者之间清晰的界限。但采用这一方法的学者往往未注意说明文体学和叙事学各自的局限性和两者之间的互补性，而是让它们分别以独立而全面的面目出现。图伦在1998年出版的《文学中的语言：文体学导论》一书中对文体学的研究对象所下的定义是：

> 文体学研究的是文学中的语言……至关重要的是，文体学研究的是出色的技巧。（Toolan, 1998: viii-ix）

图伦在2001年再版的《叙事：批评性的语言学导论》一书中对叙事学的研究对象所下的定义则是：

> ［叙述学的］"话语"几乎涵盖了作者在表达故事内容时以不同的方式所采用的所有技巧。（Toolan, 2001: 11）

从上面这些定义中，我们可以得出以下等式：

$$文体 = 语言 = 技巧 = 话语$$

但只要考察一下"文体"与"话语"的实际所指，就会发现难以在两者之间画等号。譬如，文体学和叙事学都关注作品中的"节奏"。文体学家关注的"节奏"指的是文字的节奏，其决定因素包括韵律、重读音节与非重读音节之间的交替、标点符号、词语或句子的长短等。与此相对照，在叙事学研究中，"节奏"指的是叙述运动的节奏：对事件究竟是简要概述（譬如用一句话概括十年的经历）还是详细叙述（譬如用10页纸的场景展示一小时之内发生的事），究竟是略去不提还是像电影慢镜头一样缓慢描述等。第一种"节奏"是对语言的选择，第二种"节奏"则是对叙述方式的选择。在我看来，鉴于目前的学科分野，无论是在文体学还是在叙事学的论著和教材中，都有必要明确说明小说的艺术形式包含文字技巧和结构技巧这两个不同层面，文体学聚焦于前者，叙事学则聚焦于后者。威尔士在《文体学辞典》中将"文体"界定为"对形式的选择"或"写作或口语中有特色的表达方式"（Wales, 2001：158，371）。这是文体学界通常对"文体"的界定。这种笼统的界定掩盖了"文体"和"话语"之间的差别，很容易造成对小说艺术形式的片面看法。我们不妨将之改为："文体"是"对语言形式的选择"，是"写作或口语中有特色的文字表达方式"。至于叙事学的"话语"，我们可以沿用以往的定义，如"表达故事的方式"，但必须说明，叙事学在研究"话语"时，有意或无意地忽略"文体"这一层次，而"文体"也是"表达故事的方式"的重要组成成分。

美国的《文体》（*Style*）杂志第39卷第4期首篇刊发了笔者的论文《文体学家是如何借鉴叙事学的：不同方式、长处和短处》（Shen, 2005a），在这篇论文中，笔者较为详尽地分析了文体学借鉴叙事学的不同方式，分析了每一种方式的长处和短处，并对今后的学科发展提出了自己的建议。总之，我们可以更多地关注有互补关系的学科之间出现的跨学科借鉴的情况，适时对不同的借鉴方式加以分类，分析探讨每一种方式的所长所短，这有利于更好地看清两个学科各自的特性和相互之间的互补性，还有可能对下一步的学科发展提出建设性的建议。

3. 廓清画面，清除跨学科研究中出现的混乱

20世纪90年代以来，读者认知在西方越来越受到重视，诞生了一些与认知科学或认知语言学相结合的跨学科研究，如认知文体学、认知叙事学等。认知叙事学之所以能在经典叙事学处于低谷之时，在西方兴起并蓬勃发展，固然与其作为交叉学科的新颖性有关，但更为重要的是，它对语境的强调顺应了西方的语境化潮流。认知叙事学论著一般都以批判经典叙事学仅关注文本、不关注语境作为铺垫。但笔者认为，认知叙事学所关注的语境与西方学术大环境所强调的语境实际上有本质不同。就叙事阐释而言，我们不妨将"语境"分为两大类：一是"叙事语境"，二是"社会历史语境"。"社会历史语境"主要涉及与种族、性别、阶级等社会身份相关的意识形态关系；"叙事语境"涉及的则是超社会身份的"叙事规约"或"文类规约"（"叙事"本身构成一个大的文类，不同类型的叙事则构成其内部的次文类）。与这两种语境相对应的是两种不同的读者。一种我们可称为"文类读者"或"文类认知者"，其主要特征在于享有同样的文类规约，同样的文类认知假定、认知期待、认知模式、认知草案或认知框架。另一种读者则是"文本主题意义的阐释者"，这种读者的阐释受到社会历史环境的制约和个人经历、身份的影响。我所区分的"文类认知者"排除了个体读者之间的差异，突出了同一文类的读者所共享的认知规约和认知框架。若仔细考察，可以发现认知叙事学中出现了多种不同的研究方法，涉及多种不同的研究对象（申丹等，2006：309；Shen，2005b：156-157），但大多数认知叙事学论著都聚焦于读者对于（某文类）叙事结构的阐释过程之共性，集中关注"规约性叙事语境"和"规约性叙事认知者"。也就是说，当认知叙事学家研究读者对某部作品的认知过程时，他们往往是将之当作实例来说明叙事认知的共性。因此，在探讨认知叙事学时，切忌望文生义，一看到"语境""解读"等词语，就联想到不同读者之不同社会背景和意识形态，联想到"马克思主义的""女性主义的"批评框架。认知叙事学以认知科学为根基，聚焦于"叙事"或"某一类型的叙事"之认知规约，往往不考虑读者的意识形态立场，也不考虑不同批评方法对认知的影响。就创作而言，认知叙事学关注的

也是"叙事"这一大文类或"不同类型的叙事"这些次文类的创作规约。当认知叙事学家探讨狄更斯和乔伊斯的作品时，会将他们分别视为现实主义小说和意识流小说的代表，关注其作品如何体现了这两个次文类不同的创作规约，而不会关注两位作家的个体差异。这与女性主义叙事学形成了鲜明对照。后者十分关注个体作者之社会身份和生活经历如何导致了特定的意识形态立场，如何影响了作品的性别政治。虽然同为"语境主义叙事学"的分支，女性主义叙事学关注的是社会历史语境，尤为关注作品的"政治性"生产过程；认知叙事学关注的则是文类规约语境，聚焦于作品的"规约性"接受过程。笔者（Shen，2005b：155-161）梳理了这些跨学科研究中出现的不同关系，避免了相关混乱。

　　跨学科研究往往能丰富研究方法，开拓新的研究角度，但也常常带来新的混乱。1999年，迈克尔·卡恩斯的《修辞性叙事学》一书问世（Kearns，1999），该书旨在将修辞学的方法与叙事学的方法有机结合起来，而这种结合是以言语行为理论为根基的。由于卡恩斯将言语行为理论作为基础，因此在修辞性叙事理论中很有特色，但书中的逻辑混乱恐怕也是最多的。卡恩斯的模式聚焦于叙事的三个方面：语境、基本规约和话语层次。笔者在《外语与外语教学》2003年第1期上发表了一篇两万字的长文，集中探讨了这三个方面的实质性内涵，清除了有关混乱。笔者在美国的《叙事理论杂志》上新近发表的一篇论文中，也辟专节探讨了卡恩斯的研究中的种种混乱（Shen，2005b：161-164）。跨学科研究中经常出现一些混乱，为我们自主创新的研究提供了一定余地。这也是我们可以进一步关注的一个方面。

4. 透过现象看本质，化对立为互补

　　美国的《叙事理论杂志》第35卷第2期首篇发表了笔者的《语境叙事学与形式叙事学为何相互需要》一文（Shen，2005b）。这是一篇反潮流的论文，西方学界普遍认为语境叙事学和形式叙事学之间是一种对立和取代的关系，而这篇论文则旨在说明在过去的20年中，语境叙事学和形式叙事诗学之间是一种互为滋养、相互促进的关系。该文指出，在语境主义研究的范围内外，存在一

种未被承认的三重对话关系：（1）新的形式理论和语境批评之间的互利关系；（2）关注语境的学者对形式叙事诗学的新贡献与经典叙事诗学之间的互利关系；（3）经典叙事诗学与语境化叙事批评之间的互利关系。笔者之所以能看清这一点，跟我国的学术氛围密切相关。西方学界20世纪上半叶一直在搞形式研究，20世纪七八十年代开始从一个极端走向另一个极端，一味从事政治文化批评，排斥形式审美批评。而中国学界开展形式审美研究的起步较晚，对形式结构研究有较为客观的看法。在这一氛围中，笔者对西方排斥经典叙事学的做法进行了认真考察，发现西方学界没有看清叙事诗学作为一种"文本语法"和叙事批评作为一种"文化产物之解读"之间的不同，也没有看到两者之间的互补关系。近年来，笔者跟美国的一些著名叙事理论家进行了交流，促使他们改变了看法，看到经典叙事诗学没有过时，经典叙事诗学和语境叙事学之间实际上是互利互补而不是对立和取代的关系。在此，笔者有两点体会：（1）一种批评理论或方法究竟是否"合法"与特定的政治文化氛围密切相关。在西方形式主义文学批评占据了多年主导地位以后，形式结构研究于20世纪80年代以来被看成为维护统治意识服务的保守方法；而中国的形式结构研究则是一种思想的解放。尽管中国学者近年来越来越关注社会历史语境，但很少有中国学者把文学批评视为政治工具，从政治上反对形式审美研究，这与西方学界形成了鲜明对照。（2）应充分利用中国文化特有的学术氛围，来反思西方的学术现象，尤其是一些时髦、激进的学术现象，避免被其所误导。同时应利用国际交流，促使西方学者改变看法。

在西方学界，还存在一种明显的两派对立，即从结构主义发展而来的叙事学与解构主义的对立。美国著名解构主义学者希利斯·米勒（Hillis Miller）1998年出版了《解读叙事》一书，他称该书为一部"反叙事学"（ananarratology）的著作（Miller, 1998：49）。但无论米勒如何标榜自己"反"叙事学，他的实际分析常常与叙事学的分析构成一种互补关系，且以叙事作品的开头为例。一般认为传统情节具有开头、中间发展、结尾这样的完整性。叙事学研究十分关注传统情节。诚然，很多现代和后现代作品以各种方式有意打破了情节的完整性，但叙事学家只是将之视为对传统情节的偏离。在话语层次上，很多叙事学家关注的是作者如何打破自然时序，但这种探讨也是建立在情节统一性之上的：只有当故事具有开头时，才会出现"从中间开始的叙述"；同样，只有当故事具有所谓"封闭式"结局时，才会出现"开放式"的结尾。在《解读叙事》中，米勒提出开头涉及一个悖论：既然是开头，就必须有当时在场和事先存在的事件，由其构成故事生成的源泉，为故事的发展奠定基础。这一事先存在的基础本身需要先前的基础作为依托。倘若小说家采取"从中间开始叙述"这一传统的权宜之计，譬如突如其来地描写一个人物把另一个人物扔到了窗外，他迟早需要解释是谁扔的谁，为何这么做。而这种解释会导致一步步顺着叙事线条的回溯和无穷无尽的回退（Miller，1998：57-60）。米勒对于叙事线条不可能有开头的论证令人深受启发，但这一论证以不考虑文本的疆界为前提。笔者认为，这是一种宏观的观察角度。从微观的角度来看，一部剧或一个文本（的封面）构成了一种疆界。若以《俄狄浦斯王》这部剧为单位来考虑，特尔斐神谕和襁褓中的俄狄浦斯被扔进山里就构成俄狄浦斯弑父娶母这一事件的开头。但倘若打破文本的疆界，转为从宏观的角度来考虑问题，那么"襁褓中的俄狄浦斯被扔进山里"就不成其为开头，因为可以永无止境地顺着叙事线条回溯尚未叙述的过去，譬如俄狄浦斯父母的恋爱、结婚——其父母的成长——其（外）祖父母的恋爱、结婚——永无止境。由此看来，常规概念上作品的开头是在叙事惯例的基础上，作者的创作与文本的疆界共同作用的产物。

　　承认文本的疆界就是承认叙事规约，打破文本的疆界就是颠覆叙事规约，两者在根本立场上完全对立，但由于两者涉及了观察范围从微观到宏观的变化，因此又在实际分析中构成了一种互补关系。米勒在解构开头和结尾的同时，又对《项狄传》作了这样的评价："像《项狄传》这样的小说打破了戏剧性统一的规则。它缺乏亚里士多德那种有开头、中部和结尾的模仿上的统一性。"（Miller，1998：74）显然，米勒在此采用的是以单一文本为单位的微观视角。有了这种视角，我们就可以比较在文本的疆界之内呈统一性的文本和《项狄传》这种打破戏剧性统一规则的文本。若一味强调不存在开头和结尾、不存在任何统一性，就难以对不同种类的文本进行比较和评论。值得强调的是，叙事学的微观视角和解构主义的宏观视角互为补充。笔者在这方面化对立为互补的一篇论文于2005年在美国纽约出版的《挑战阅读》一书中面世（Shen，2005c）。

然而，我们要避免盲目地化解客观存在的对立。在《后现代叙事理论》一书中，英国学者马克·柯里（Mark Currie）也试图化解解构主义和结构主义叙事学之间的对立。柯里对库恩（Kuhn）将解构主义视为对结构主义的线性取代提出了挑战，他认为，将解构主义这个20世纪80年代以来的新批评方法视作被叙事学激活或充实的方法可能会更现实些（Currie，1998：9-10）。顺着这一思路，解构主义被当作是叙事学的一种新形式，也就是"后结构主义叙事学"，于是，叙事学的发展就成了"从演绎科学到对语言知识的归纳性解构"的演变（Currie，1998：46-47）。但把解构主义本身视为叙事学的新发展则忽略了二者之间的根本差异：叙事学有赖于叙事规约并在后者的范围内运作，而解构主义则旨在彻底推翻叙事规约。

就哲学立场而言，一般认为索绪尔在《普通语言学教程》中对语言的关系性质的强调为德里达（Derrida）的解构理论提供了支持。但事实上，在《普通语言学教程》中，表面上存在着两股相互对抗的力量。其中一股特别重视能指和所指的关系，将语言定义为"一个符号体系，其中唯一本质的东西是意义和声音–意象的结合，而且符号的这两个部分都是心理层面的"（Saussure，1960：15）。另一股力量只是把语言视为一个由"差异"构成的体系，"更重要的是：差异通常意味着存在实在的词语，在这些词语之间产生差异，但语言中只存在差异，不存在实在的词语。"（Saussure，1960：120）的确，西方语言通常由完全任意的符号构成，因此不存在实在的词语。但我们必须意识到，差异本身并不能产生意义。在英语里，"sun"（/sʌn/）之所以能成为一个符号，不仅出于它与其他符号在声音或"声音–意象"上的差异，而且出于声音–意象"sun"与所指概念之间约定俗成的关联。比如说，尽管以下的声音–意象"lun"（/lʌn/），"sul"（/sʌl/）和"qun"（/kwʌn/）中的每一个都能与其他两个区分开来，但没有一个能成为英语中的语言符号，这是因为缺乏常规的"意义和声音–意象之间的关联"。在《立场》（*Positions*）及其他著述中对索绪尔的语言理论进行评价时，德里达仅仅关注索绪尔在《普通语言学教程》中对语言作为能指差异体系的强调，而忽略了索绪尔对能指和所指之间关系的强调。我们知道，索绪尔在《普通语言学教程》中区分了语言形成过程中的三种任意关系：（1）能指差异的任意体系；（2）所指差异的任意体系；（3）特定能指和所指之间约定俗成的关联（Saussure，1960：113，120-121）。因为德里达忽略了特定能指和所指之间约定俗成的关联，所以，能指和所指之间就失去了联系，理由很简单："能指和所指之间约定俗成的关联"是联系能指和所指的唯一且必不可少的纽带。没有这种约定俗成的关联，语言就成了能指自身的一种游戏，它无法与任何所指发生联系，意义自然也就变得无法确定。也就是说，德里达和索绪尔的符号理论是直接对立的，而并不是像学界过去几十年所一直认为的那样，索绪尔的符号理论为德里达的解构理论提供了支持。笔者这一反潮流的观点也发表于美国《美国叙事理论》杂志（Shen，2005b：144-145）。

5. 利用跨学科优势，做出创新性分析

跨学科研究不能局限于理论探讨，也应该关注实际分析。笔者曾经把文体学引入翻译批评，对理解译本起了很好的深化和促进作用，同时又通过原文和一个或多个译本的对照，为文体分析提供了很好的分析素材，有多篇研究成果在欧美重要国际刊物上发表。近年来，笔者尤为注重通过将文体学与叙事学的方法相结合，对文学作品尤其是英美经典短篇小说做出新的阐释。譬如，2005年，国际上第一部《叙事理论指南》先后在英美和加拿大面世，其中有笔者应邀撰写的一章，题为"叙事学和文体学能相互做什么"（Shen，2005d），在该文中，笔者不仅从理论上论述了这两个学科之间的互补关系，而且将两个学科的方法结合起来，对海明威的一个短篇小说进行了分析，揭示了以前未被关注的多重深层象征意义。又如，欧洲的《英语研究》杂志2006年第二期登载了笔者的一篇论文，题为"颠覆表面意义，使反讽双重化：曼斯菲尔德《启示》和其他作品中的潜藏文本"（Shen，2006），这篇论文综合采用文体学的语言分析和叙事学的结构分析的方法，并且将内在批评与外在批评、作品分析与互文

探讨相结合，利用综合优势，挖掘了曼斯菲尔德作品中的深层意义或暗含意义，挑战了西方学界以往的阐释。

6. 结语

总而言之，跨学科研究与自主创新关系密切。跨学科研究既可为我们的自主创新提供一种有效的途径，又可成为我们自主创新的研究对象，还可以为我们提供余地，让我们争取改变不同学科之间的关系，或为学科发展提出有益的建议。希望我们今后更多地关注跨学科研究这一领域，笔者期待看到更多跨学科的自主创新研究成果。

参考文献

- 申丹. 试论外语科研创新的四种途径[J]. 外语与外语教学，2001(10): 3-6.

- 申丹，韩加明，王丽亚. 英美小说叙事理论研究[M]. 北京：北京大学出版社，2005.

- CURRIE M. Postmodern narrative theory[M]. Hampshire: Macmillan, 1998.

- DERRIDA J. Positions[M]. Chicago: University of Chicago Press, 1981.

- KEARNS M. Rhetorical narratology[M]. Lincoln: University of Nebraska Press, 1999.

- MILLER J H. Reading narrative[M]. Norman: University of Oklahoma Press, 1998.

- SAUSSURE F. Course in general linguistics[M]. BASKIN W, trans. London: Philosophical Library Inc., 1960.

- SHEN D. How stylisticians draw on narratology: approaches, advantages, disadvantages[J]. Style, 2005a, 39(4): 381-395.

- SHEN D. Why contextual and formal narratologies need each other[J]. Journal of Narrative Theory, 2005b, 35(2): 141-171.

- SHEN D. Broadening the horizon: on J. Hillis Miller's ananarratology[M]// COHEN B, KUJUNDZIC D. Provocations to reading. New York: Fordham University Press, 2005c: 14-29.

- SHEN D. What narratology and stylistics can do for each other[M]// PHELAN J, RABINOWITZ P. A companion to narrative theory. Oxford: Blackwell, 2005d: 136-149.

- SHEN D. Subverting surface and doubling irony: subtexts of Mansfield's *Revelations* and others[J]. English studies, 2006, 87(2): 191-209.

- SHORT M H. Graphological deviation, style variation and point of view in *Marabou Stork Nightmares* by Irvine Welsh[J]. Journal of literary studies, 1999, 15(3-4): 305-323.

- SIMPSON P. Stylistics[M]. London: Routledge, 2004.

- TOOLAN M J. Language in literature: an introduction to stylistics. London: Arnold, 1998.

- TOOLAN M J. Narrative: a critical linguistic introduction[M]. 2nd ed. London: Routledge, 2001.

- WALES K. A dictionary of stylistics[Z]. 2nd ed. Essex: Pearson Education Limited, 2001.

十一 小说艺术形式的两个不同层面

——谈"文体学课"与"叙述学课"的互补性[50]

1. 引言

改革开放以来，我国外语教学界先后从西方引入了"（文学）文体学"课程和"叙述学"[51]课程。但迄今有一个现象尚未引起充分注意：无论是上哪一门课，都可能会让学生对小说艺术形式得到一个片面的印象。文体学课关注的是小说的遣词造句，而叙述学课则聚焦于组合事件的结构技巧，两者呈一种互为补充的关系。但这一互补关系主要被以下两个原因掩盖：（1）文体学对小说"文体"的定义和叙述学对小说"话语"的定义从表面上看都是对小说整个形式层面的定义；（2）无论是在中国还是在西方国家，文体学往往被视为一种应用语言学。尽管聚焦于文学的艺术形式，文学文体学课一般划归语言学方向，而叙述学课则划归文学方向。文体学课的教师往往属于语言（学）阵营，叙述学课的教师则往往属于文学阵营，因为学有所专，教师往往意识不到两门课之间的互补作用。即使文体学课是由文学专业出身的教师任教，倘若教师不同时从事叙述学的教学与研究，也很可能看不到文体学课的片面性，对于从事新批评或细读（close reading）研究的学者来说更是如此。再者，即便教师同时

---

50 原载《外语教学与研究》2004年第2期，109—115页。

51 本文聚焦于"叙述话语"和"文体"的关系，故采用"叙述学"这一译法。

从事文体学和叙述学教学，因为两门课在学科上的界限，在写教材和教课时也很可能只顾一面。文体学课和叙述学课对于小说艺术形式看似全面，实则片面的探讨，很可能会误导仅上一门课程的学生。本文旨在（1）剖析小说的"文体"与叙述学的"话语"的表面相似和实质不同，（2）揭示造成这种差异的原因，（3）介绍近年来国外的跨学科分析，（4）从理论和实践这两个角度提出解决问题的办法。

2. "文体"与"话语"的表面相似，实质不同

从表面上看，小说的"文体"和叙述学的"话语"十分相似。叙述学有关"故事"和"话语"的区分是对故事内容和表达故事内容之方式的区分（Chatman，1978：9；参见Shen，2001；2002）。而文体学家则一般将小说分为"内容"与"文体"这两个层次。文体学界对文体有多种定义，但可概括为文体是"表达方式"或"对不同表达方式的选择"（Wales，2001：158；Leech，Short，2001：38）。在层次上，"故事"自然与"内容"相对应，"话语"也自然与"文体"相对应。既然"话语"和"文体"为指代小说同一层次的概念，两者之间的不同应仅仅是名称上的不同，倘若面对同一叙事文本，应能互相沟通。在《语言学与小说》一书中，罗杰·福勒写道：

> 法国学者区分了文学结构的两个层次，即他们所说的"故事"（*histoire*）与"话语"（*discours*），也就是我们所说的故事与语言。故事（或情节）和其他小说结构的抽象成分可以类比式地采用语言学概念来描述，但语言学的直接应用范围当然是"话语"这一层次。（Fowler, 1983: xi）

然而，正如我们在下文中将要说明的，法国叙述学的"话语"与福勒所说的"语言"或"小说语言本身"（ibid.）相去甚远，而且语言学实际上也无法

直接应用于"话语"这一层次。让我们再看看图伦（Toolan）对于文体学和叙述学的研究对象所下的定义：

> 文体学研究的是文学中的语言。（Toolan，1998: viii）
>
> 至关重要的是，文体学研究的是出色的技巧。（Toolan，1998: ix）
>
> ［叙述学的］"话语"几乎涵盖了作者在表达故事内容时以不同的方式所采用的所有技巧。（Toolan，2001:11）

从上面这些定义中，可以得出以下这一等式：

> 文体＝语言＝技巧＝话语

但只要考察一下"文体"与"话语"的实际所指，就会发现根本无法在两者之间画等号。我们不妨看看图伦对"文体"技巧的具体说明：

> 文体学所做的一件至关重要的事情就是在一个公开的、具有共识的基础上来探讨文本的效果和技巧……如果我们都认为海明威的短篇小说《印第安帐篷》或者叶芝的诗歌《驶向拜占庭》是突出的文学成就的话，那么构成其杰出性的又有哪些语言成分呢？为何选择了这些词语、小句模式、节奏、语调、对话含义、句间衔接方式、语气、眼光、小句的及物性等，而没有选择另外那些可以想到的语言成分呢？……在文体学看来，通过仔细考察文本的语言特征，我们应该可以了解语言的结构和作用。（Toolan，1998: ix）

不难看出，文体学所关注的"技巧"涉及的是作者对语言的选择，即作者的遣词造句。这与叙述学所关注的"技巧"相去甚远。让我们再看看图伦在《叙事：批评性语言学导论》一书中，对"话语"技巧进行的界定：

> 如果我们将故事视为分析的第一层次，那么在话语这一范畴，又会出现另外两个组织层次：一个是文本，一个是叙述。在文本这一层次，讲故事的人选定创造事件的一个特定序列，选定用多少时间和空间来表达这些事件，选定话语中（变换的）节奏和速度。此外，还需选择用什么细节、什么顺序来表现不同人物的个性，采用什么人的视角来观察和报道事件、场景和人物……在叙述这一层次，需要探讨的是叙述者和其所述事件之间的关系。由小说中的人物讲述的一段嵌入性质的故事与故事外超然旁观的全知叙述者讲述的故事就构成一种明显的对照。（Toolan, 2001: 11-12）

虽然在上面这两段引语中，都出现了"节奏"一词，但该词在这两个不同上下文中的所指实际上迥然相异。在第一段引语中，"节奏"指的是文字的节奏，决定文字节奏的因素包括韵律、重读音节与非重读音节之间的交替、标点符号、词语或句子的长短等。与此相对照，在第二段引语中，"节奏"指的是叙述运动的节奏：对事件究竟是简要概述还是详细叙述，究竟是将事件略去不提还是像电影慢镜头一样进行缓慢描述等。第一种"节奏"是对语言的选择，第二种"节奏"则是对叙述方式的选择。

第二段引语涉及"话语"的部分是对热奈特（Genette）、巴尔（Bal）和里蒙-凯南（Rimmon-Kenan）等叙述学家对"话语"之论述的简要总结（参见Shen, 2001；2002）。为了更全面地看问题，我们不妨比较一下热奈特的《叙述话语》（1980）和利奇与肖特（Leech, Short）的《小说文体论》（2001）。热奈特将话语分成三个范畴：一为时态范畴，即故事时间和话语时间的关系；二为语式范畴，它包含叙事距离和视角这两种对叙事信息进行调节的形态；三为语态范畴，涉及叙述情景及其两个主角（叙述者与接受者）的表现形式。《叙述话语》共有五章。第一章阐述故事事件的自然时序与这些事件在文本中被重新排列的顺序之间的关系。热奈特的探讨在微观与宏观这两个不同层次上展开。微观层次的分析聚焦于一些总结性较强的叙事片段，每一片段都牵涉到过去、现在、将来等不同的时间位置。热奈特仅仅关心这些时间位置之间的关系，尤为关注各种形式的倒叙、预叙等"错序"（anachrony）现象。与此相对照，利奇和肖特（2001：176-180，233-239）在微观层次上分析的全是展示性较强的场景叙事片段，这些例子根本不涉及过去、现在、将来等不同时间位置的关系，因为其中均只有一个时间位置——现在。分析家的注意力集中于句法上的逻辑或从属关系、句中的信息结构等语言问题。就时序而言，热奈特主要关注的是宏观层次，他将普鲁斯特卷帙浩繁的长篇巨著《追忆似水年华》分成了十来个大的时间段。毋庸置疑，这样的分析仅牵涉到抽象出来的事件之间的时间关系，不涉及对语言本身的选择。

热奈特的《叙述话语》第二章以"时距"为题，阐释了事件实际延续的时间与叙述它们的文本的长度之间的关系。"时距"涉及四种不同的叙述方式：（1）描写停顿（故事外叙述者不占故事时间的描述）；（2）场景详述；（3）简要概述；（4）省略（将事件略去不提）。从表面上看，这些叙述运动涉及的是文字上的简繁。实质上，对这些叙述方式的选择并非对语言本身的选择。叙述速度是由故事时间与文本长度之间的关系决定的。假若对同一事件有三种采用不同文字进行的场景叙述，只要它们的文本长度相同，无论它们在遣词造句上有多大的差别，在叙述速度上就没有任何区别。热奈特《叙述话语》的第三章以"频率"为题，探讨了事件发生的次数与话语叙述事件的次数之间的关系。对频率的选择无疑也不是对语言本身的选择。第五章"语态"中对不同叙述层次和类型的分类涉及的也是对叙述方式而非对语句本身的选择。文体学家们对这些问题一般不予关注，但他们较为注重通过遣词造句反映出来的叙述者对事件和人物的判断和态度。

有的叙述学家还在"话语"层次探讨了人物塑造这一问题。叙述学家旨在进行各种结构区分，譬如，叙述者究竟是直接给人物下定论还是通过展示人物的言行间接地表现人物的性格（参见Rimmon-Kenan, 2002: 59-71）。文体学家则聚焦于作者如何通过遣词造句来进行人物塑造。

应该指出的是，叙述学的"话语"与小说文体学的"文体"至少有两个重合之处。一为叙事视角；另一为表达人物话语的不同形式，如"直接引语""间接引语""自由间接引语"等。这均为热奈特在第四章"语式"中讨论的内容。但笔者认为，叙述学家与文体学家在此走到一起的原因并不相同。叙述学家之所以对表达人物话语的不同形式感兴趣，是因为这些形式是调节叙述距离的重要工具。叙述学家对语言特征本身并不直接感兴趣，他们的兴趣在于叙述者（及受述者）与叙述对象之间的关系。当这一关系通过语句上的特征体现出来时，他们才会关注语言本身。而文体学家却对语言选择本身感兴趣，在分析中明显地更注重不同引语形式的语言特征。叙事视角是叙述学家和文体学家均颇为重视的一个领域。传统上的"视角"（point of view）一词至少有两个所指，一为结构上的，即叙事时所采用的视觉（或感知）角度，它直接作用于被叙述的事件；另一为文体上的，即叙述者在叙事时通过文字表达或流露出来的立场观点、语气口吻，它间接地作用于事件。叙述学家往往聚焦于前者，文体学家则聚焦于后者。有趣的是，结构上的视角虽然属非语言问题，但在文本中常常只能通过语言特征反映出来，有的文体学家因而也对之产生兴趣，但在分析中，更为注重探讨语言特征上的变化。

综上所述，在叙述学的"话语"中占据了重要地位的时间问题在小说文体学的"文体"中基本无立足之地。而在"文体"中至关重要的对词汇的选择、对语法类型的选择以及对句子之间的衔接方式的选择等语言问题则基本被排斥在叙述学的"话语"之外。至于两者相重合之处，学者们在分析时也表现出对象上和方法上的差异。

3. 造成文体与话语之差异的原因

笔者认为，造成"文体"与"话语"之差异的根本原因之一在于小说文体学基本因袭了诗歌分析的传统，而叙述学却在很大程度上摆脱了诗歌分析的手法。"文体"主要指作者在表达句子的意思时表现出来的文笔风格；"话语"则指对故事事件的结构安排。从这一角度，我们不难理解为什么文体学家在分析小说中的节奏时，注意的仍为文字本身的节奏，而叙述学家在分析小说中的节奏时，却将注意力转向了详细展示事件与快速总结事件等不同叙事方式的交替所形成的叙述运动。文体学家在小说研究中，沿用了布拉格学派针对诗歌提出的"前景化"的概念。"前景化"相对于语言常规而言，可表现为对语言、语法、语义规则的违背或偏离，也可表现为语言成分超过常量的重复或排比。语音、词汇、句型、比喻等各种语言成分的"前景化"，对文体学来说可谓至关重要。在叙述学中，相对语言常规而言的"前景化"这一概念可谓销声匿迹，相对事件的自然形态而言的"错序"则成了十分重要的概念，它特指对事件之间的自然顺序（而非对语法规则）的背离。

在文体学这一领域，不少学者认为文本中重要的就是语言。罗纳德·卡特（Carter, 1982：5）曾经断言："我们对语言系统的运作知道得越多、越详细，对于文学文本所产生的效果就能达到更好、更深入的了解。"20年过去了，文体学已经大大拓展了眼界和研究范畴，但无论所关注的究竟是文本还是文本与语境或文本与读者的关系，究竟是美学效果还是意识形态，不少文体学家仍然认为只要研究作者对语言的选择，就能较好、较全面地了解文本的表达层所产生的效果。索恩博罗和韦尔林指出：

> 文体学家通常认为"文体"是对语言形式或语言特征的特定选择。譬如，简·奥斯丁和E.M.福斯特的作品之所以有特色，有人会称之为大作，不仅因为作品所表达的思想，而且因为他们对语言所做出的选择。对这些作家的文体分析可以包

括作品中的词、短语、句子的顺序，甚至情节的组织。（Thornborrow, Wareing, 2000: 3-4）

这段话的最后一个短语说明索恩博罗和韦尔林的眼界较为开阔，甚至将情节究竟有无结局也视为一种"文体"因素。但他们没有向叙述学敞开大门，对话语层次上的叙述技巧未加考虑。在探讨小说中的时间问题时，他们仅仅关注指涉时间的短语和小句。同样，赖特和霍普的《文体学》一书，在探讨"叙述时间、故事事件和时态"时，作者也聚焦于动词时态（Wright, Hope, 2000: 49-55；请比较 Richardson, 2002），忽略非语言性质的时间技巧。

正因为文体学关注的是语言问题，而叙述学聚焦于结构上的叙述技巧，因此两者跟语言学的关系相去甚远。诚然，语言学是叙述学的理论基础和推动力，但语言学概念在叙述学家的手中往往变成了一些抽象的比喻。如前文所示，热奈特采用了"时态""语式"和"语态"等语言学术语来描述叙述技巧。毋庸置疑，"倒叙""从中间开始的叙述"等时序问题与动词的时态变化仅在很抽象的程度上才有所对应。值得注意的是，动词的时态变化顺应动作的自然形态（过去的动作用过去时，将来的动作用将来时），而热奈特的"时序"则主要涉及话语如何违背或打破事件的自然顺序，造成"错序"。在这一点上，两者之间实际上是对立而非对应的关系。至于"时距"（场景详述、总结概述、描写停顿等）和"频率"（究竟是描写一次还是多次），显然更加难以与动词的时态变化挂上钩。视角和人物话语的表达方式也跟语法上的"语式"（mood）并无真正的关联。叙述层次和类型与"语态"（主动语态、被动语态）则相去更远。

小说文体学严格（而非比喻式）地应用语言学。语言学一方面为文体学提供了有力的分析工具，同时又将文体学的分析范围局限于语音（或书写）特征、词汇特征、句法特征等以句子为单位的语言现象上。有的文体学家早就认识到了这一局限性。查普曼（Chapman, 1973: 100-101）曾经指出：文体学必须承认句子以上的单位才能起较大作用。也就是说，文体学需要进行话语（或语篇）分析，"但要建立能产生话语语法的语言学模式则十分困难。在当前这种情况下，文体学家只能利用对于语言交流功能的常识性了解以及借助分析整篇文本的一些传统方法"。查普曼（ibid.）建议文体学家从以下几方面对话语进行分析：（1）研究一个句子在全文中起何作用，而不是单独地理解它；（2）注意在文中重复出现的词汇、短语、比喻、句型等语言特征，并从它们在整个话语中的作用出发来研究其意义；（3）注意研究句子之间的衔接方式。有不少文体学家进行了这种或其他类型的话语（或语篇）分析，但无论采用何种模式，文体学家的话语分析有一个共同点，即往往聚焦于语音、书写形式、词汇、语法、人物对话、句子及段落的组合、语义的连贯等语言或篇章特征，这与叙述学的话语分析显然大相径庭。

4. 近来的跨学科研究

尽管迄今为止国外尚未出现研究叙述学和文体学之辩证关系的论著，但近10年来陆续出现了一些综合采用文体学和叙述学的方法来分析作品的研究成果。这些成果大多来自文体学阵营。其实，有的老叙述学家本是搞文体学出身的，譬如西摩·查特曼，但他们在研究叙述学时有意排斥语言，认为语言只是表达叙述技巧的材料而已。有几位较年轻的叙述学家如赫尔曼（Herman）和弗吕德尼克（Fludernik）在事业起步时，几乎同时对叙述学和文体学发生兴趣，在叙述学界站稳脚跟之后，仍然继续借用语言学或文体学的方法来分析作品，体现出跨学科分析的特点和优势。弗吕德尼克的文章《事件顺序、时间、时态和叙事中的体验》（Fludernik，2003）就综合了叙述学对事件顺序的关注和文体学对动词时态的关注。但总的来说，文体学对叙述学界的影响十分有限。我们认为这除了上文提到的原因之外，还有一个很重要的原因：文体学在欧洲各国和澳大利亚得到了长足的发展，但20世纪80年代以来在美国的发展势头很弱。与此相对照，叙述学在美国的发展势头强劲，可以说，英语国家的叙述学家大多数集中在美国。由于文体学在过去的20年里在美国学界的影响有限，美国的叙述学家对文体学的淡漠也就不难理解。

令人感到欣慰的是，尽管叙述学在英国未能得到很好的发展，但近年来越来越多的英国文体学家对叙述学产生了兴趣，在分析中借用了叙述学的方法，如辛普森的《语言、意识形态和视角》（Simpson, 1993），米尔斯的《女性主义文体学》（Mills, 1995），卡尔佩勒的《语言与人物塑造》（Culperer, 2001），斯托克韦尔的《认知诗学》（Stockwell, 2002）等。以英国为主体的诗学与语言学学会及其会刊《语言与文学》对促进文体学与叙述学的结合起了很好的作用。《语言与文学》的主编威尔士所著的《文体学辞典》（Wales, 2001）收入了不少叙述学的概念和叙述学的参考书。尽管该词典没有论及叙述学与文体学的互补关系，但其对叙述学概念"兼容并包"的态度显然有助于促进文体学与叙述学相结合。

无论是在文体学阵营还是在叙述学阵营，近年来越来越多的学者对认知科学产生了兴趣。认知文体学（也称认知诗学或认知修辞学）是近几年发展最快的一个文体学派别。有的认知文体学家集中对隐喻进行探讨，这与叙述学无甚关联。但其他认知文体学家关注的是读者对文本世界的建构过程，这必然涉及读者对文本各个层面的反应，包括对叙述技巧的反应。正如斯托克韦尔所言，认知文体学家需要考虑"世界的再现，读者的阐释和评价，以及传统上属于文学领域的一些问题，如叙述学和接受理论"（Stockwell, 2002：9；参见Semino, Culperer, 2002）。斯托克韦尔（2002：80）指出了文学语境中的图示理论（schema theory）所涉及的三个不同层次：

> 世界图示、文本图示和语言图示。（1）世界图示是与内容有关的图示；（2）文本图示体现了我们对于世界图示在文中出现方式的期待，即世界图示的顺序和结构组织；（3）语言图示包含我们的另一种期待：故事内容以恰当的语言模式和文体形式出现在文中。如果我们将后两种图示综合起来考虑，在文本结构和文体结构上打破我们的期待，就会构成话语偏离。

不难看出，"文本图示"这一层次主要涉及叙述技巧，而"语言图示"这一层次则涉及文体特征。这是小说艺术的两个不同层面。值得一提的是，认知文体学家尽管在理论上采取了几乎无所不包的立场，但在具体分析时仍往往聚焦于文体或语言细节。也就是说，细致的语言学分析仍然构成"认知文体学"的一个突出特征（否则也就不会被视为"文体学"了）。也许正因为如此，斯托克韦尔在其兼容并包的《认知诗学》里，有时也只是考虑"行动、人物和文体"这三种因素（2002：19-20）。实际上应该同时考虑行动、人物、背景、叙述技巧和文体这五种基本因素，前三者属于故事层，后两者属于形式表达层。倘若要较为全面地回答"故事是如何表达的？"这一问题，就需要同时关注"叙述技巧"和"文体技巧"这两个范畴。假如像叙述学和文体学那样仅仅关注两者之一，就只会得到一个片面的答案。

5. 对于今后教学和研究的建议

为了让学生对于小说的艺术形式达到更全面的了解，笔者提出以下六项建议：

（1）无论在文体学还是在叙述学的论著和教材中，都有必要明确说明小说的艺术形式包含文体技巧和叙述技巧这两个不同层面（两者之间在叙事视角和话语表达方式等范畴有所重合）。文体学聚焦于前者，叙述学聚焦于后者。

（2）在文体学的论著和教材中，有必要对"文体"进行更加明确的界定。威尔士的《文体学辞典》将"文体"界定为"对形式的选择"（Wales，2001：158）或"写作或口语中有特色的表达方式"（Wales，2001：371）。这是文体学界对"文体"通常所做的界定。如前所示，这种笼统的界定掩盖了"文体"与"话语"的差别，很容易造成对小说艺术形式的片面看法。我们不妨将之改为："文体"是"对语言形式的选择"，是"写作或口语中有特色的文字表达方式"。至于叙述学的"话语"，我们可以沿用以往的定义，如"表达故事的方式"（Chatman，1978：9）或"能指、叙述、话语或叙事文本本身"（Genette，1980：27），但必须说明，叙述学在研究"话语"时，有意或无意地忽略"文体"这一层次，而"文体"也是"表达故事的方式"或"能指、叙述、话语或叙事文本本身"的重要组成成分。

（3）鉴于小说和诗歌在形式层面上的不同，有必要分别予以界定。诗歌（叙事诗除外）的艺术形式主要在于作者对语言的选择，而小说的艺术形式则不仅在于对语言的选择，而且在于对叙述技巧的选择。

（4）倘若在《文体学》的书中像图伦那样借鉴拉博夫这位社会语言学家（或其他语言学家）的叙事结构模式，有必要说明这一叙事结构模式与叙述学的模式有何异同，说明在话语层次上，还有哪些主要叙述技巧没有被涵盖。

（5）促进文体学与叙述学的沟通和融合。叙述学进行了不少结构上的区分，如对时间技巧的区分、视角类型的区分、叙述类型和层次的区分、塑造人物之不同方法的区分等，文体学课的教师可利用这些区分搭建分析框架，引导学生在此基础上对作者的遣词造句所产生的效果进行探讨。同样，叙述学课的教师也可从文体学中吸取有关方法，引导学生在分析叙述技巧时关注作者通过遣词造句所创造的相关效果，引导学生注意叙述技巧和文字技巧的相互作用。

（6）若有条件，应同时开设文体学课和叙述学课，鼓励学生同时选修这两门课程，以便更好更全面地了解小说家"是怎么说的"。

参考文献

- CARTER R. Language and literature: an introductory reader in stylistics[M]. London: George Allen & Unwin, 1982.

- CHAPMAN R. Linguistics and literature[M]. London: Arnold, 1973.

- CHATMAN S. Story and discourse[M]. Ithaca: Cornell University Press, 1978.

- CULPERER J. Language and characterization in plays and texts[M]. London: Longman, 2001.

- FLUDERNIK M. Chronology, time, tense and experientiality in narrative[J]. Language and literature, 2003, 12(2): 117-134.

- FOWLER R. Linguistics and the novel[M]. London: Methuen, 1983.

- GENETTE G. Narrative discourse[M]. LEWIN J E, trans. Ithaca: Cornell University Press, 1980.

- HERMAN D. Story logic[M]. Lincoln: University of Nebraska Press, 2002.

- LEECH G N, SHORT M H. Style in fiction[M]. Beijing: Foreign Language Teaching and Research Press, 2001.

- MILLS S. Feminist stylistics[M]. London: Routledge, 1995.

- RICHARDSON B. Narrative dynamics: essays on time, plot, closure, and frames[M]. Columbus: The Ohio State University Press, 2002.

- RIMMON-KENAN S. Narrative fiction: contemporary poetics[M]. 2nd ed. London: Routledge, 2002.

- SEMINO E, CULPERER J. Cognitive stylistics[M]. Amsterdam: John Benjamins, 2002.

- SHEN D. Narrative, reality and narrator as construct: reflections on Genette's *Narrating*[J]. Narrative, 2001, 9(2): 123-129.

- SHEN D. Defense and challenge: reflections on the relation between story and discourse[J]. Narrative, 2002, 10(3): 222-243.

- SIMPSON P. Language, ideology, and point of view[M]. London: Routledge, 1993.

- STOCKWELL P. Cognitive poetics: an introduction[M]. London: Routledge, 2002.

- THORNBORROW J, WAREING S. Patterns in language: stylistics for students of language and literature[M]. Beijing: Foreign Language Teaching and Research Press, 2000.

- TOOLAN M J. Language in literature: an introduction to stylistics[M]. London: Arnold, 1998.

- TOOLAN M J. Narrative: a critical linguistic introduction[M]. 2nd ed. London: Routledge, 2001.

- WALES K. A dictionary of stylistics[Z]. 2nd ed. Essex: Pearson

Education Limited, 2001.

- WRIGHT L, HOPE J. Stylistics: a practical coursebook[M]. Beijing: Foreign Language Teaching and Research Press, 2000.

图书在版编目（ＣＩＰ）数据

跨越学科边界：申丹学术论文自选集 / 申丹著. --
北京：高等教育出版社，2021.10（2022.8重印）
（英华学者文库 / 罗选民主编）
ISBN 978-7-04-053806-9

Ⅰ. ①跨… Ⅱ. ①申… Ⅲ. ①跨学科学－文集 Ⅳ.
①G301-53

中国版本图书馆 CIP 数据核字 (2020) 第 038795 号

KUAYUE XUEKE BIANJIE
—SHEN DAN XUESHU LUNWEN ZIXUANJI

策划编辑		出版发行	高等教育出版社
肖　琼		社　　址	北京市西城区德外大街4号
秦彬彬		邮政编码	100120
		购书热线	010-58581118
责任编辑		咨询电话	400-810-0598
秦彬彬		网　　址	http://www.hep.edu.cn
			http://www.hep.com.cn
封面设计		网上订购	http://www.hepmall.com.cn
王凌波			http://www.hepmall.com
			http://www.hepmall.cn
版式设计			
王凌波		印　　刷	河北信瑞彩印刷有限公司
		开　　本	787mm×1092mm　1/16
责任校对		印　　张	13.75
艾　斌		字　　数	217千字
		版　　次	2021年10月第1版
责任印制		印　　次	2022年8月第2次印刷
耿　轩		定　　价	76.00元

本书如有缺页、倒页、脱页等质量问题，
请到所购图书销售部门联系调换

版权所有　侵权必究
物 料 号　53806-00